U0290243

反思无人机

Grégoire Chamayou

〔法〕夏马尤 著

焦静姝 译

商务印书馆
创于1897
The Commercial Press

Grégoire Chamayou

THÉORIE DU DRONE

Copyright© La Fabrique Éditions, 2013

中译本根据法国 Fabrique 出版社 2013 年版译出

纪念丹尼尔

目录

序幕

　　那一夜，就在黎明即将降临在阿富汗的群山之际，他们观察到地面上有些不寻常的举动。

　　　　你能把镜头拉近些吗，伙计，让我瞥一眼？

　　　　—— 皮卡车后面至少还有 4 个。

　　　　—— 那个家伙，北向箭头下方的那个，胸口好像捂着什么东西。

　　　　—— 是啊，他们胸口的冷斑很是蹊跷。

　　　　—— 他们最近都开始这么干：把那些该死的武器包在衣服里，我们就不能正确识别了。

　　驾驶员和操作员仔细查看着监视器上的画面。他们身穿卡其布料的制服，肩膀上镶有一枚红底的徽章，上面是一只展翅的猫头鹰，鹰爪间抓着几道闪电。他们耳朵上塞着耳机，肩并肩坐在人造革的座椅上。这个地方

到处都是闪烁的信号指示灯，但一点儿也不像一个普通 10
的驾驶舱。

这里距离监视器上的现场有几千公里远。那些车辆的图像来自阿富汗，经过卫星传输抵达内华达州，离印第安斯普林斯市不远的克里奇空军基地。20 世纪 50 年代，美国的核试验就是在那里进行的。当时，人们从拉斯维加斯都能看到远远升起的蘑菇云。而如今，人们驾车行驶在95 号公路上，经常可以抬头看到另一番景象：一个一端圆鼓鼓的长条形建筑，好像一只巨大的乳白色幼虫。

克里奇基地是美国空军无人机编队的摇篮。士兵们称其为"猎人之家"，而反战组织"粉红代码"则形容它是一个"充满怀疑、困惑和悲伤的地方"。[1]

这份工作无聊至极。无数的夜晚，值班的人只能嚼着多力多滋玉米片或者玛氏巧克力豆，盯着屏幕上不管是另一片沙漠也好，还是地球的另一面也好，那往往一成不变的画面，等待着能有什么事情发生："几个月的单调乏味就为了那几毫秒的骚动。"[2]

而第二天早上，另一"组"人将会接替他们操控无人机。驾驶员和操作员将坐上他们的四驱车，于 45 分 11
钟后回到位于拉斯维加斯静谧市郊的独栋住房中，回到妻子和孩子的身边。

三辆汽车上的乘客不知道，他们几小时前离开戴孔迪省的小村庄后，一直有十几双眼睛注视着他们。在这些隐形的观众中，不但有驾驶员和"传感器的操作员"，同时还有一个"任务协调员"，一个"安全观察员"，一个视频分析团队，以及一名"地面部队指挥官"，这名指挥官有权发布进行空袭的最终指令。这些眼睛的主人们一直保持着彼此间的交流，在2010年2月20日的那个晚上，像往常一样，他们的对话被进行了录音。

0:45（格林尼治标准时间）—05:15（阿富汗时间）

驾驶员：那丫的是把枪吗，就那儿？

操作员：也许那热点只是他刚才坐过的地方呢，这还真不好说，但是看着还真像是个什么东西。

驾驶员：真希望那是把武器，可惜了。

01:05

操作员：这个卡车看上去是个好靶子。

OK，那是辆4×4雪佛兰，一辆雪佛兰萨博班。

驾驶员：好吧。

操作员：好吧。

01:07

协调员：筛查员那边说至少有一名儿童在那辆
　　　　4×4附近。

操作员：我勒个去……在哪儿？！

操作员：给我发张该死的照片，但我不觉得这个时
　　　　间会有孩子在外面，我知道他们有多阴，
　　　　但是不至于吧。

……

操作员：好吧，也许是名青少年，但我还没见过个
　　　　子那么小的，他们都聚到一块儿了。

协调员：他们在确认情况。

驾驶员：是啊，赶紧确认下是什么鬼……他为什么
　　　　不说"可能是个孩子"？为什么要那么着
　　　　急地说是什么破孩子，就不说是该死的武
　　　　器呢？

操作员：那辆4×4后面有两个孩子。

01:47

协调员：那看上去像是毯子。他们正在祈祷，
　　　　他们……

驾驶员：Jag25，Kirk97，[*]数对了吗？还是还没有？

操作员：他们在祈祷，他们在祈祷。

13 01:48

操作员：所以说，到头来，祈祷就是他们的力量？

我想说，认真的吗，他们就只是祈祷吗。

协调员：他们在密谋什么。

01:50

协调员：有青少年在那辆4×4尾部附近。

操作员：呐，那又怎样，小年轻们可以打仗了。

协调员：拿起武器你就是战士了，就这么回事。

01:52

操作员：又有个家伙在卡车前面祈祷。

驾驶员：Jag25和Kirk97，所有人正在结束祈祷，

并且向三辆车附近聚集。

操作员：哦，多好的靶子。是我的话就从后面射

击，然后正中靶心。

---

* Jag25，地面联合终端空中控制员的代号；Kirk97，捕食者无人机
的呼号。——译者

协调员：噢，那可就完美了！

02:41

操作员：长官，您介意我去上个厕所吗？

驾驶员：当然不了，去吧。

03:17

陌生的声音：所以说，伙计们，接下来什么计划？

驾驶员：不知道，希望我们能冲那个坐满人的卡车
　　　　 开火。

操作员：可不是。

　　【捕食者无人机上只能装载一枚导弹——远不
足以一次击中三辆汽车，于是两架基奥瓦直升机
（呼号 Bam Bam41）受命进入战斗状态。进攻部署
如下：直升机率先开火，然后由无人机收尾，向幸
存者发射地狱火导弹。】

03:48

指挥官（向无人机驾驶员说起直升机）：……一旦
　　　　 地面部队指挥官发出指令，就可以把他们
　　　　 调过来，激活目标，然后由你发射地狱火

导弹，完成清理工作。

驾驶员：Kirk97，收到，听上去不错。

04:01

操作员：操作员准备就绪，让我们开始狂欢吧！

……

操作员：你知道吗，我们应该请一帮"捕食者"
过来。

驾驶员：要是这样就好了，哥们儿……

04:06

驾驶员：……听着兄弟，我们到时候很可能要追赶
四处逃散的人群。呃，下降的时候不用等
我或者Jaguar的指示，你就按照自己觉得
最好的来。就瞄准你觉得最有把握的。这
事儿我会帮你的。我迟些跟你简要说明一
下射击条件，我们一旦知道攻击目标是什
么就能得到进攻指示了。

04:11

直升机：Kirk97，Bam Bam41接收状态良好。

驾驶员：OK，Bam Bam41，Kirk97接收状态也良

好。我知道你们正在追击那三辆汽车，需要我们告知坐标吗，还是你们能看到？

直升机：41 看到他们在围栏通道的南面，一辆白色的汉兰达，后面跟着两辆 4×4。

驾驶员：Kirk97，收到。就是那三辆汽车。上面大概有 21 个处在战斗年龄的男人，大约三把明确识别的步枪，啊，就是那三个目标。

04:13

驾驶员：射击看上去酷极了。

操作员：噢，太棒了！

……

直升机：（听不清）……战术机动的武器和通讯。等等。嗯，我们现在可以开火了吗？

驾驶员：OK，他可以开火了，瞄准三号目标。我也准备好导弹发射了。

04:16

操作员：收到。呃，哦……开始了！（直升机向车队开火。）

……

操作员：我又发现一个人……他们打中了没有？
　　　　中了。

驾驶员：他们干翻了第一辆车，呃，和最后一辆。
　　　　他们还会回来的。

04:17

协调员：需要我们转换频道吗？

驾驶员：我试过了，那边没有人说话……

操作员：他们貌似投降了。

操作员：他们停下来了。

04:18

操作员：这货是趴下了吗？他们不跑了。

观察员：伙计们，真是稀奇了。

操作员：他们只是走开了。

……

观察员：你们要不要看看车后面还有没有人？

陌生的声音：好的……（之后的话听不清楚）

观察员：第三辆车的残骸附近……

操作员：有几个人，两三个……

操作员：是的，他们全瘫在那儿了。

驾驶员：给我放大一秒钟。第三辆车，那个。

操作员：第三辆？

驾驶员：对。他们炸了它吗？他们应该炸了吧？

观察员：他们炸了，是的！

操作员：不，他们没炸。

驾驶员：他们没炸。

操作员：他们没炸。

操作员：不，他们只是待在那里而已。

驾驶员：好吧，但是这东西看上去已经毁了，不是吗？

观察员：是啊，他们打中它了。有烟冒出来。

操作员：他们打中了。你们……（听不清）……那些家伙只是……【一枚火箭弹击中了中间那辆车。】

分不清是谁：噢！

驾驶员：该死的！

04:22   18

操作员：明确识别的武器，我一样也没看见……

操作员：右边那个人身上有什么东西在闪。

操作员：所以说。

操作员：有点儿奇怪……

驾驶员：鬼知道他们在干嘛。

操作员：也许正在试图弄明白刚才发生了什么。

观察员：屏幕左边还有一个。

操作员：是啊，我也看见了。

观察员：他们穿着布卡罩袍吗？

操作员：反正看上去像。

驾驶员：但不是明确识别所有人都是男性吗？里面没有女性。

操作员：这货戴着首饰和其他东西，看上像个女的，其实不是……如果这货是个女的，个头也太大了。

04:32

观察员：左上方那人在动。

操作员：嗯，我看见了。刚才我也看见他动了，不过不知道他是……他是在动还是抽筋了？

观察员：呃，我看着像是在动。但动得幅度不大，不过……

操作员：我不行，不能同时监控两个人。

协调员：有个人坐下了。

操作员（向地面上的人喊话）：你在搞什么？

协调员：搞他的骨头吧。

04:33

观察员：啊，见鬼。你们看见那摊血了吗，旁边
　　　　那摊……

协调员：哦，刚才我就看见了。

04:36

协调员：那是两个人吗？一个在照顾另一个？

观察员：看上去像。

操作员：看上去像，是的。

协调员：伙伴间的急救救援。

观察员：我给忘了，烂肚子的伤口要怎么处理
　　　　来着？

操作员：千万别把肠子塞回去。用毛巾包好。一般
　　　　来说就行了。

04:38

驾驶员：妈的，我看他们是在试图投降对不对？

操作员：我也这么觉得。

协调员：对，我觉得他们就是在投降。

04:40

操作员：那些是什么人？他们刚才坐在中间那辆

20

车里。

协调员：是妇女和儿童。

操作员：看上去像个孩子。

观察员：对。那个摇旗的是个孩子。

04:42

观察员：我去跟他说，他们正在摇……

操作员：嗯，这个时候，我可不会……个人来说，
我是没法心安理得地冲他们开火了。

协调员：不会。[3]

导言

美国军方对无人机的官方定义为"可以在陆地、海 洋和空中通过远程控制或自动方式运行的运载装置"[1]。无人机不单指可以飞行的机型，它和武器家族一样拥有各式各样的形态：地面无人机、海上无人机、水下无人机，甚至还有可以想象成巨型机械鼹鼠形态的地下无人机。任何运载装置、任何机械只要没有载人，就能算作是"无人化的"。

一架无人机可以借由遥控系统[2]，通过人类操作员进行远程控制；也可以借由自动驾驶仪，通过机器人装置自动运行。在实践中，现有的无人机通过以上两种模式的结合进行控制。尽管目前还没有可用于实战的致命性自动控制武器系统，但我们看到，目前这方面已经出现了相当先进的项目。

"无人机"更多是一个通俗的说法。军方行话一般 使用另一个术语"无人驾驶飞行器"（Unmanned Aerial

Vehicle，缩写为 UAV），或者根据机上是否装备武器，称为"无人驾驶战斗飞行器"（Unmanned Cambat Air Vehicle，缩写为 UCAV）。

本书讨论的对象主要是装备有武器的飞行无人机，它们目前被用来实施打击并经常出现在媒体上，即所谓的"狩猎杀手"（chasseurs-tueurs）无人机。它们的故事描绘了一只眼睛如何变成一件武器的过程"UAV 的核心用途一开始只是情报搜集、监视和侦察……在死神（Reaper）无人机后变成了真正的'狩猎杀手'"，这名美国空军将领补充道，死神这个名字"精确地概括了这一新型武器系统的致命性"。[3] 空中侦察机摇身一变成为杀人机器，对无人机的最好定义莫过于："装备有导弹的高分辨率飞行摄像机。"[4]

美国空军的一名官员大卫·德普图拉曾这样描述无人机的基本战略准则："无人驾驶飞机系统真正的优势在于,力量投射的同时不会暴露弱点。"[5] "力量投射"在这里的意思是指在国境外部署军事力量。这事关美国在国外的军事干预，并涉及帝国主义力量的问题：如何从中心向全世界辐射自己的力量？在军事帝国的历史上，有很长时间，"力量投射"就等同于"派遣军队"。但这一等式如今已经瓦解。

无人机的使用保全了脆弱的肉身，让它远离现场不可触及。无人机也可以被视为一个古老愿望的最终实现，而正是这一愿望开启了整个弹道武器的历史：使用加长武器作用的力臂，从远程打击敌人，令其猝不及防。[6] 但无人机更独特的地方在于另一个距离的维度。不同于枪炮，在我们用手指扣动扳机与炮弹射出炮筒之间有数千公里之遥。无人机在武器和目标的距离上增加了遥控距离，也就是武器使用者和武器之间的距离。

　　但"力量投射"也是一种委婉的说法，它掩盖了伤亡、杀戮和毁灭的事实。而"不暴露弱点"的言外之意是，暴露在武装力量之下的唯一弱点，就只有沦为单纯打击目标的敌人的弱点。按照伊莱娜·斯卡里（Elaine Scarry）的解析，在军事辞令的修饰下人们真正想要表达的是，"所谓制胜战略，就是有能力实现单方面的伤害……按照最初的定义，似乎被伤害的一方可以与伤害的一方分庭抗礼，但事实上这是一种概念的偷换：双方都有能力造成的伤害，已经被替换成单方面施加伤害的关系。"[7] 武装无人机是一种已有趋势的延伸和极端化，将这种趋势推至极限：使用这种武器的人，从理论上讲，不可能在杀戮中死亡。战争，变得极不对称，成为完完全全的单边行为。甚至在这种条件下，一场战斗可能就变成了单纯的大屠杀。

　　如今这种新型武器的运用以美国最为突出。这也是为什么我会从美国借用大量的事实和例证来作为我论证的依据。

在我写作这本书时，美国武装部队拥有超过6000架不同机型的无人机，其中空军拥有超过160架无人机。[8]不管是军方还是中情局，在过去十年中对"狩猎杀手"无人机的使用已经非常普及，几乎成为一种例行公事。这些飞机既会被部署到一些有武装冲突的地区，比如阿富汗，也会被派往一些官方宣称尚处于和平的国家，比如索马里、也门，特别是在巴基斯坦，中情局平均每四天就要发动一次无人机打击。[9]尽管具体数字难以估算，仅在巴基斯坦一个国家，从2004到2012年间就有大约2640到3474人遭遇无人机袭击身亡。[10]

无人机的应用近几年成指数增长：美国武装无人机的巡逻次数，在2005到2011年间增长了1200%。[11]如今在美国受训成为无人机驾驶员的人数已超过战斗机和轰炸机飞行员的总和。[12]2013年美国在多个领域削减国防预算，但分配给非载人武装系统的资源却增加了30%。[13]这一迅速增长说明了美国的一项战略计划：在中期实现武装部队的部分无人化。[14]

无人机已经成为奥巴马执政时期的标志之一，也是他非正式反恐主张的实现工具——"抓捕不如杀戮"[15]：酷刑和关塔那摩监狱不如精准刺杀和捕食者无人机。

这种武器和政策成为美国媒体的日常辩题。一些反对武装无人机的运动开始兴起。[16] 联合国开始对武装无人机的运用展开调查。[17] 换句话，用一个特有的表达去形容的话，可以称其为一个烫手的政治问题。

26

本书旨在将无人机作为一个哲学研究的对象。我将遵循康吉兰*的训诫："哲学是一种思考，对它来说，所有的新异材料都是好的，我们还可以说，所有好的材料必须是新异的。"[18]

无人机特别适合这种方式的探讨，因为它属于一种"不明暴力"：只要我们试图将它纳入既定的范畴思考，就会对一些基本概念造成严重的扰乱，比如区域或地点（地理和本体论范畴）、美德或勇敢（道德范畴）、战争或冲突（战略和司法政治范畴）。因此我首先想要对这些因表达矛盾而产生的理解危机进行说明。所有矛盾从根本上都是为了消除对等性，无人机则令这一现象激化。这就构成了"反思无人机"的第一个维度，分析的维度。但在表述一个程式之外，创建一套关于一部武器

---

* 乔治·康吉兰（Georges Canguilhem，1904 年 6 月 4 日—1995 年 9 月 11 日），毕业于巴黎高等师范学院，是一名哲学家、生物史学家、科学史和科学哲学家，也是法国当代思想的开创者之一，代表作有《正常与病态》。——译者

的理论有什么意义呢？要怎么去构建这一理论呢？

西蒙娜·薇依 * 的哲学思考可以为我提供指导。她在 20 世纪 30 年代时警告说，"最具缺陷的方法"，就是在谈论战争和武装暴力现象时，"只探讨其追寻的目的而不是手段的性质"。[19] 相反，"而唯物主义的方法则是在检验任何人为因素时，首先考虑的不是其追求的目的，而是其引发的必然结果，以及所使用的手段"。[20] 她没有急于寻找可能的辩解，或者换句话说，没有急于进行道德说教，而是建议我们从一件完全不同的事情入手：从拆解暴力的机制开始，去看看武器是什么，去研究它们的特性。让自己从某种程度上成为一名技术人员。但只是从某种程度而已，因为我们真正要进行研究的不是技术而是政治。重要的不是为了了解手段的具体使用方法，而是试图从手段的特性出发，了解这些特性可能在行动上导致怎样的后果。因为手段都是有局限性的，而每种手段都与特定的局限相联系。它们不只是行动的工具，也决定了行动的方式，而我们要研究的就是手段如何决定了行动。与其询问目的是否可以证明手段的正当性，不如询问对这些手段的选择本身会造成怎样

---

* 西蒙娜·薇依（Simone Weil，1909 年 2 月 3 日—1943 年 8 月 23 日），法国思想家和社会活动家，深刻地影响了战后的欧洲思潮。——译者

的结果。与其对武装暴力进行道德辩护，不如在技术和政治层面对武器进行分析。

因此关于一部武器的理论可以包含的内容有：揭示选择这件武器意味着什么，了解它对使用者和目标敌人，以及他们之间的关系可能产生的影响；其中的一个核心问题是：无人机会对战争形势造成怎样的影响？对敌对关系、国家与国民之间的关系呢？这些影响带有倾向性，往往彼此交织缠绕，好像一幅动态的草图，不能简单地得出单一的结论。"拆解军事斗争的机制"，就是从战略方面分析"其中蕴含的社会关系"[21]，这便成为一个批判性武器理论最终的纲领。

但这样做，也就是从决定性的关系进行研究，并不是说就放弃了对意图的分析，换言之，我们要努力围绕战略性的设想进行分析，这些设想在做出技术选择的同时也反过来被其选择所限定。与简单的二元对立论不同，技术决定论和战略意图，机制和目的，尽管在概念上是对立的，但在实践中并不相互排斥。两者甚至可以保持高度一致。要确保一项战略决策的可持续性，最稳妥的方式，从严格意义上讲，就是在诸多实现手段中，选择唯一可行的那一个。

而我们在这里还必须指出的是：在危机情况造成的普遍的不确定性中，在战争的迷雾中，正酝酿着重大的智力演习和语义上的颠覆，并调试着一整套的理论攻势，以及以命名和思考的方式，扭曲和重新定义着让暴力合法实施的概念。哲学比以往任何时候都更像一个战场。我们必须加入战斗。我的观点具有公开的争议性：在投入一些分析之余，本书的宗旨是为反对以无人机作为工具的政策的读者们，提供支持其目标的话语依据。

我将从以下问题入手：无人机是怎么来的？它的技术和战术谱系为何？由此得出的它的基本特征有哪些？

30　　无人机将远程战争的现存进程延展并极端化，以至于消除了战争中的战斗部分，使得"战争"这个概念都岌岌可危。那就出现一个核心问题：如果"无人机战争"准确地说已经不再是战争了，那它属于哪种"暴力状态"[22] 呢？

这种企图消除敌对双方在暴力面前对等情况的尝试，不仅在技术上、战术上、心理上改变了武装暴力的具体行为，也动摇了建立在勇敢和牺牲精神上的传统军事道德原则。按照传统的标准去评判，无人机是懦夫才用的武器。

但这并不妨碍它的支持者们宣称，它是人类有史以来最道德的武器。实现这种道德和价值观的转变，是如今在军事伦理学这个狭小领域里耕耘的哲学家们所致力的课题。他们认为，无人机是最优秀的人道主义武器。他们的论述工作对于确保无人机被社会和政治所接纳至关重要。在将其合法化的论述中，军火商和武装部队发言人所使用过的"语言要素"，经过语言炼金术的粗略加工后被回收利用，成为一种新型道德哲学的指导原则——"死亡伦理"（"nécroéthique"），因此迫切需要对此加以批判。 31

此外冲击还在继续，也许特别是在法律理论领域。在"无风险战争"中，无人机作为其实现的最佳工具，动摇了构成战争中杀戮权利的元法律原则。在这种根本性原则被动摇的背后，实际上涉及对生杀大权的重新定义。在行动中以抛弃武装冲突的权利为代价，取而代之的是"精准暗杀"的权利。

这还不是全部。在发明武装无人机的同时，我们几乎是无意识地发现：我们找到了一个解决几个世纪以来现代政治主权理论在战争层面的核心矛盾的方法。这种武器的普及意味着行使战争权力的条件将会发生变化，同时发生改变的还有国家和本国国民之间的关系。我们不能简单地以为武器的问题只关系到对外暴力的层面。成为一个无人机国度的人民将意味着什么呢？

I 技术与战术

1. 危险环境下的方法论

医学的进步不是让战争零伤亡的唯一方式。

——罗伯特·L.富沃德:《火星彩虹》[1]

35　　如何在没有危险的情况下涉足像辐射污染区、深海海底或是遥远行星这样不适宜人类生存的环境呢? 1964年,工程师约翰·W.克拉克曾总结出一套"危险环境下的方法论"[2]:"当我们想要在这样的环境下展开行动时,通常有且只有两种选择的可能:一种是在那里放置一台机器,一种是派一个受保护的人。然而我们还有第三种可能:……那就是使用一个能在危险环境中运行的运载工具,由一个身处安全环境下的人进行远程操控。"[3]比起派遣潜水员或者自动机器,我们还可以使用遥控装置,或者用克拉克按照古希腊词根生造出来的粗俗新词

36汇 *téléchirique* 来表达——意思是"远程操控的技术"[4]。

　　遥控装置,他写道:"也许可以被看作是操控它的人类的第二自我。人的意识确凿无疑地被转移到一个刀枪不入的机械体上,人类通过它操纵工具或其他设备时,就像通过自己的双手在操作一样。"[5]这个第二自

我的身上唯一缺少的就是真实的血肉。但这恰恰正是其优势：将脆弱的肉体从危险环境中抽离出来。

这种部署需要一种特定的测绘方式，一种特别的思考和组织空间的方法。克拉克就以深海潜水器为例，建立了下面的基本模式：

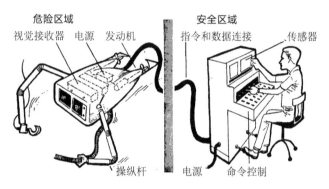

遥控装置简图。以1964年 J. 克拉克的深海潜水器为例 [6]

空间被一分为二：危险区域和安全区域。这幅画显示了一种受庇护的权力，它可以从一个被保护的空间对有风险的外界加以干预。这种权力，我们又称之为远程操控 [7]，设定了一条边界。但这种边界是不对称的：它必须阻挡外部的入侵，同时又留出一定的空间，让机械假足得以在危险的环境下进行作业。[8]

危险区域本身，始终是被遗弃的空间，它可能作为潜在危险的温床而被控制，甚至作为资源的存储库被开发，但并不会被占据。我们对它进行干预，在它的范围内巡逻，但绝不是要去那里居住——除非能从中按照上述同样的简图隔离并建造出新的安全区域、基地或平台。

对于遥控技术的信徒而言，长期在极端环境下工作的劳动者们终于获得了克服苦难的解药。因为我们预见到，在原子和太空争霸时代，"会产生在危险环境中作业的日益增长的需求"，我们就能欣喜地宣布这个好消息："随着当前技术的进步，人类已经不需要将自身置于危险的境地以求生……如今已经不存在任何危险的任务，在原则上不能被远程遥控的机器所完成。"[9]

遥控装置作为一种慈善工具，将从人类身上卸掉一切高危职业。地下矿工，消防员，原子、太空或海洋领域的工作者，所有从业人员都将转变为远程操作员。人类无需再牺牲自己卑微的肉体。当生命的躯干与执行任务的躯干分离后，后者（完全机械化，可以被舍弃）便能放任与危险接触："不会再有人受伤。"一次坍塌或一场爆炸能得到的反应也不过是："哎呀，真是可惜。我们损失了6台机器人。"[10]

克拉克做了一张可能实现遥控的应用列表，却遗漏了一个非常明显的应用，他的一名读者后来提醒他道："遥控技术专家们不辞辛劳地改进遥控设备，让它们足以取代人们在高温、辐射和海洋深处执行和平任务。但这些任务真的处于优先级吗？难道他们不应该首先关注一下安全问题，也就是世界上最危险的职业——我是说战争工业吗？……为什么都进入 20 世纪了，人类还要经受枪林弹雨的蹂躏，难道不能用遥控士兵替代他们吗？……所有的常规战争都可以用遥控的模式进行，由遥控的武装军事机器人冲锋陷阵。胜负将由完全中立的计算机计算和裁决，而人类只需要安静地待在家里，看着屏幕上机器人的机油流到地上而不是自己的血。"[11]

战争的乌托邦于是化作了机器的争霸赛——没有士兵的战斗和没有牺牲的冲突。但这名读者是清醒的，他最后得出了一个完全不同的结论，不幸的是，这个脚本很可能变成现实："我们将对地球的另一端发动伟大的帝国征服，因为我们拥有马克沁机枪，而他们只有标枪，我们在新的战功面前才会想起战争的模样，如今战争已经不会流血，或者至少我们的人不会流血，因为我们有遥控作战的部队，而那些可怜的人们，只有凝固汽油弹和芥子气与我们对抗。"[12]

一旦遥控装置化身战争机器，那敌人将被当作危险物质来处理。我们从远处将敌人消灭，在舒适如蚕茧般装有空调设备的"安全地带"，通过屏幕看着他死去。不对等的战争激变为单边战争。因为当然了，还是有人会在战争中死去，但只是其中的一方罢了。

无线电飞行公司（Radioplane Company）的一名女工……（1944 年）

2. 捕食者的谱系

在人类需要它的时候，它立刻就出现了。

——黑格尔[1]

照片中的那个女孩手中拿着一片无人机的螺旋桨，1944 年时她还名叫诺尔玛·珍妮·多尔蒂（Norma Jeane Dougherty）。让她的形象得以永远封存在这张照片里的摄影师，当时去无线电飞机公司进行报道。这家公司成立于洛杉矶，创始人雷吉纳德·丹尼（Reginald Denny）原是一名默片演员，后来投身航模业。这张照片让这名女工一炮走红，才有了后来的玛丽莲·梦露。无人机有一部分就是在好莱坞诞生的。当然这是必要的伪装。

无人机这个名称源于英文词汇"drone"，意思是雄蜂或嗡嗡声——既是一种昆虫也是一种声音。直到第二次世界大战的初期，这个词语才有了新的含义。美军的炮兵学员们用"靶机"（target drones）来称呼这种用无线电控制、用于充当射击训练靶子的小飞机。用"雄蜂"来比喻这种机器，不仅是指代它的体积或者发动机的嗡嗡声。雄蜂没有螫针，工蜂最终会杀死它。雄蜂在古典传统上就是赝品和可被替换的标志。[2] 而这也正是靶机的命运：它就是一个用来被击落的模型。

但还要过很长时间，我们才能看到无人机在战场上飞翔。这个想法当然不算新颖：我们已经在第一次世界大战末期见过了"柯蒂斯－斯佩里空中鱼雷"（Curtiss-Sperry aerial torpedo）和"凯特灵小飞虫"（Kettering Bug）"。当然还有纳粹 1944 年在伦敦投放的 V-1 和 V-2 飞弹。但这些飞行鱼雷顶多可以被看作是巡航导弹的前身，而不是无人机。主要的区别就在于：前者只能使用一次，而后者可以重复使用。[3] 无人机不是投射物，它只是投射物的载体。

越南战争期间，美国空军因苏联的地对空导弹蒙受了巨大的损失，遂投入无人侦察机项目：由赖安公司开发的"萤火虫"（Lightning Bugs）无人机 [4]。这些"远程驾驶的飞行器，"一名美国官员解释道，"可以让我方人员避免被杀伤或俘虏……多亏了它们，如何幸存下去已经不再是决定性的因素。"[5]

战争一结束，这些装备就被弃用了。[6] 20 世纪 70 年代末，美国几乎放弃了军用无人机的开发。但无人机的发展在别处得到延续。以色列在接受了一些这样的装备后，领会到了它在战术优势上的潜力。

1973 年，以色列国防军与埃及对峙，在地对空导弹的问题上遭遇了战术难题。在赎罪日战争的前几个小时里，以色列就损失了 30 多架飞机，以色列随即改变航空策略。以军决定先发送一波无人机，扰乱对方的防御："一旦埃及军队向无人机开火，战斗机就可以趁敌人重新装载炮弹的时候发起进攻。"[7] 这一策略让以色列重新掌握了制空权。同样的战术在 1982 年叙利亚战争中的于贝卡平原上再次上演。以色列事先部署了"猛犬"（Mastiff）和"侦察兵"（Scouts）无人机战队，然后派发诱饵干扰机前往敌方雷达方向，触发敌方地对空导弹的无谓射击。无人机从空中观察地面情况，很容易就能找出防空炮兵连的位置，并发送给战斗机，战斗机随之将其歼灭。

"1983 年 10 月，驻扎在贝鲁特的美国海军陆战队兵营被恐怖分子袭击，两天后海军司令凯利将军（P. X. Kelly）秘密前往事发地点。没有任何人泄露他的行踪。但在边境的另一侧，以色列情报人员通过电视直播图像，观察着将军从抵达到视察的一举一动。他们甚至可以将他的画面放大，将准星瞄准他的脑袋。几个小时之后，在特拉维夫，以色列人向震惊的将军展示了这段小录像。他们向他解释说，画面是通过一台在 8 号营上空，掩人耳目执行巡逻任务的'猛犬'无人机传输回来的。"[8] 这是若干小事件中的一件，这些事件敦促美国于 20 世纪 80 年代重启了无人机计划。"我所做的一切，"以色列无人机之父阿尔·艾利斯（Al Ellis）坦称道，"不过是在一架飞机模型上装上照相机，让它拍照罢了……但这就催生了一整个行业。"[9]

当时，无人机只是"情报搜集、监视和侦察"装备。它还只有眼睛，没有手臂。它的变形几乎是出于偶然的契机，那是在新千年开始的时候，于科索沃和阿富汗之间开启的。早在 1995 年，通用原子能公司（General Atomics）就设计出一种新型的遥控间谍飞机原型——"捕食者"。尽管这个令人不安的名字带给人不祥的预感，但这头猛兽此时还既没有爪子也没有獠牙。它于 1999 年投入科索沃战争，但任务仅限于拍摄并用激光"点明"目标，以便 F16 战斗机可以对其进行打击。

"必须突然出现一种'新型战争'，才能让原型机捕食者成为真正的'捕食者'。"[10] 就在 2001 年 9 月 11 日的几个月前，见识过捕食者在科索沃执行任务后，一些官兵萌生了在捕食者上装载反坦克导弹的实验性想法："2001 年 2 月 16 日，在内利斯空军基地上进行了试验测试，一架捕食者成功地用 AGM-114C 地狱火导弹击中目标。捕食者无人机真的成了捕食者。但当时谁也没想到，在年底之前就能看到它在阿富汗捕食活生生的目标。"[11]

　　在阿富汗冲突爆发后的两个月不到，小布什就宣称："关于我们军队的未来，阿富汗战争教给我们的，比这十年来所有的研讨会和智库加起来都要多……显而易见，军队还缺乏足够的无人驾驶装备。"[12]

一架捕食者无人机正在发射一枚"地狱火"导弹

3. 猎捕人类的理论原则

招聘启事：特别行动组猎捕人类计划分析员。

职位介绍：致力于为猎捕人类操作人员开发一套创新培训课程。

申请条件：相关专业本科学历。拥有"机密"授权，并有资格拿到"最高机密"授权。

——军事承包商科学应用国际公司（SAIC）2006年发布的招聘广告

2004年约翰·洛克伍德（John Lockwood）创建了 ⁴⁷一个名为Live-shot.com的网站。这个网站的概念简单又新颖：用户在网站上用几美元完成注册，就可以成为"虚拟猎人"。通过一个固定在移动枪支上的摄像机，这台摄像机同时又与遥控虚拟装置连接，如此一来，用户足不出户就可以射杀在德州牧场上放养的活体动物。

这个概念一经面世，就引来了各方的强烈抗议。 ⁴⁸《户外生活》杂志的主编认为这样的创意无疑是在搅动深层次的"伦理问题"，如果为狩猎下一个准确的定义：打猎"对于我而言，不只是瞄准动物然后扣动扳机。它是一种全方位的体验……是身在其中，在户外——而不仅仅是在鼠标上点击一下，扣动扳机。"[1]威斯康辛州的一名议员在赞同这个定义的基础上，很神奇地将它转变成一种颇为环保主义的观点："对我来说，打猎，就是在户外……与大自然融为一体。"[2] 连极其保守的美国步枪协会（NRA）也一反常态[3]，与动物保护协会一起提出反对："我们认为狩猎应当在室外进行。坐在电脑前与猎物相距甚远，不符合'打猎'的定义。"[4] 休斯顿的一名警官言辞更加绝对："这不是打猎，是谋杀。有人坐在电脑前，然后就有什么东西无缘无故地死掉了。"[5]

尽管洛克伍德极力争辩，声称自己是出于好意，他最初的目的是帮助热爱打猎的残疾人也可以享受自己的爱好，他引用了一名身在伊拉克的美国士兵的证词，这名士兵感谢他为自己提供了这么好的一次机会，并且坦承"他不知道什么时候才能重新去打猎"。但不管他怎么说都无济于事。网上狩猎被取缔了。失望气恼的洛克伍德转而向他的客户提议，将贴有本·拉登头像的纸箱子作为射击目标，他的目标用户群很快转向了网络上更刺激的其他娱乐。这个小小的创业公司，原本前途无量，如今只能落得濒临破产了。

引发道德义愤的不同因素有其令人困惑的地方。尽管虚拟狩猎动物的行为引起了大众的普遍谴责，但于此同时，通过遥控装置进行猎捕人类的行为，也以类似的方式在悄悄地发展，但同一批人对此却没有任何反对意见。

　　"9·11"事件发生后的第二天，乔治·W. 布什就发出警告：美国将要发动一场新型的战争，"一场需要我们进行国际追捕的战争"。[6] 这话乍一听像是一个德州牛仔的口号，在专家、计划和武装力量的加持下，就变成了国家的正式声明。一种非常规的国家暴力形态在十年中就已经形成，这种暴力形态结合了战争和警察行动的不同特征，但与两者又不完全吻合，双方的特征在军事化的人类追捕概念上形成了理念和实践上的统一。

　　2001 年，唐纳德·拉姆斯菲尔德坚信，"以色列在对战巴勒斯坦时使用的技术，完全可以在更大规模上进行部署"。[7] 他这番言论主要针对的是以色列政府不久前正式承认其存在的"定点清除"。埃亚勒·魏茨曼解释说，被占领区已经成为"空中战术在世界上最大的实验室"[8]，因此这些战术会被出口到别的国家完全不足为奇。

　　但还有一个问题："如何组织国防部门进行猎捕人类的工作？显然，"拉姆斯菲尔德在 2002 年坦言，"我们现在组织得还不够好"。[9]21 世纪初，美国的军用装备还没有准备好在世界范围内有效地执行在国内通常由警方来执行的任务：识别、跟踪、定位并抓捕（但事实上是肉体消灭）嫌疑人。

51　　在美国军方内部，并不是所有高层都为这一新的方针欢欣鼓舞：正如西摩·赫什（Seymour Hersh）在当时的一篇报道里记叙的，许多人害怕这种类型的行动——按照一名五角大楼顾问的说法叫作"先发制人的猎捕人类"——会开启新一轮的"凤凰计划"（这个邪恶的名称指代了越战期间美国实施暗杀和酷刑的一系列秘密行动）。[10]

　　此外在其他层面也有各种问题，比如如何从法律上证明这种行动的正当性，它就像军队和警方、战争和猎杀杂交出的产物；而在战争理论和国际法的层面上，这种行动的概念也显得不伦不类。但我们之后再来讨论这个问题。

　　无论如何，是时候定义并实施一套全新的战略信条了。研究人员致力于发表一套"猎捕人类的理论原则"[11]为此类行动提供一个框架。乔治·A. 克劳福德（George A. Crawford）在一份由联合特种作战大学发布于 2009 年的报告中做出总结。这份文稿旨在将"猎捕人类设定为美国国家战略的基础之一"[12]，并特别呼吁应成立一个"猎捕人类的国家机构"[13]，作为"构建未来猎杀人类力量"[14] 不可或缺的工具。

　　当代狩猎战争的信条打破了常规战争的模式，不再基于正面、线性的战斗和面对面的对抗。1916 年，约翰·J. 潘兴将军为遏制革命者潘丘·维拉（Pancho Villa），向墨西哥发动了大规模的军事进攻。这一大规模的武装干预以失败告终。美国战略家将这一历史先例作为反面教材，认为这是一个根本相反的问题：面对由一些小规模且机动性强的"非政府组织"造成的"不对称威胁"，应当选用小型的灵活行动单位，由人或最好是遥控装置，对其进行针对性的攻击。

　　与克劳塞维茨的经典定义不同，这样的战争从基本结构上讲已经不再像是决战。其范式已经不再是战斗双方面对面地拼出胜负，而是猎人在前，而猎物或逃跑或躲藏起来。游戏规则也不再相同："战斗中的敌对双方，要想赢就必须让对方输掉——而双方必须通过正面对抗才能决出胜负。而猎捕人类的情境则大不相同，每个玩家的策略都是不同的（原文如此）。逃跑的一方要避免被抓住，而猎捕的一方则要想方设法地追上他并抓住他——猎捕的一方需要正面对抗才能取胜，而逃跑的一方只需要躲避就能获胜。"[15]敌对关系因此变得像捉迷藏一样，成为"一场狩猎与躲藏的竞赛"[16]。

其首要任务，不再是阻止敌人行动，而是识别并确认他的位置。这就需要一整套侦察工作。现代跟踪的艺术建立在大量使用新技术的基础上，结合了空中监控录像、信号拦截和定位追踪。如今猎捕人员也有了自己的技术行业术语："联结关系图的绘制，是对有巨大价值的个体，在其所使用的社交媒体上建立的形象信息进行分析，这一广泛运用的实践的一种延伸……联结关系图追踪描绘的是个体与他者产生联系的环境或社交'论坛'。"[17]

在这种模式下，个体的敌人不再被视为一连串指挥系统下的一环：而是一个结，或者一个镶嵌在社交网络中的"节点"。与网络中心战（NCW）和基于效果作战（EBO）的理念一致，我们可以假设只要有效地针对敌人网络的关键"节点"进行打击，就可以使对方陷入混乱，甚至几近毁灭。运用此套方法的主脑们声称，"锁定一个单一的关键'节点'……就能造成可以准确计算出的次级、三级甚至是 N 级的影响"。[18] 这种预测性计算的主张是预防性消灭政策的基础，而狩猎杀手型的无人机是执行这种政策的首选工具。因为军事化的猎捕人类行动基本上都是预防性的。它与其说是对实际攻击的回应，更多是通过预先消灭潜在的危险人员，以防止可能出现的威胁："在那些网络可能造成危害之前对其进行侦察、阻止、破坏和隔绝。"[19] 而这与任何迫在眉睫的直接威胁无关。[20]

这种实践背后的政治理性是社会防卫，其传统工具就是安全措施。安全措施的本意"不是用来惩罚，而是在由社会内部危险事物造成的危害面前保护社会的安全"。[21] 依照这种安全逻辑，就应该预先消灭危险的个体，而"战争"由此化身为大规模的法外处决运动。将无人机命名为"捕食者"（猛禽）和"死神"（死亡天使），实在是非常贴切。

上帝之眼（1551 年）[22]

4. 监视和消灭 [1]

> 这就好比是上帝就在头顶。一道闪电化作
> 一枚"地狱火"导弹从天而降。
>
> ——西奥多·奥索斯基上校 [2]

> 我追寻着上帝之眼，却只看到一个眼眶，
> 巨大，幽黑，深不见底，黑夜在那里栖息，暗
> 夜俯临大地，愈加浓稠。
>
> ——热拉尔·德·奈瓦尔 [3]

上帝之眼高悬在空中，用目光拥抱着全世界。它的 57
视野超越了视觉：它透过各种表象，看得到人的内在。
没有什么对它来说不是透明的。因为它是永恒，它怀抱
所有的时间，无论过去还是未来。它的智识超越了知
识。因全知而全能。

从很多方面来说，无人机都像是通过技术实现的，
一种约等同于想象中上帝之眼的存在。正如一名军人所
写到的："通过这只无所不见的眼睛，你能发现谁是网 58
络中重要的人，他们在哪里生活，谁为他们提供支持，

谁是他们的朋友。"[4] 然后就只需要等待，"直到这些人走上一条人迹罕至的路段时，用一枚'地狱火'导弹将其消灭"。[5]

无人机的倡导者强调说：这些装置"革命性地提升了我们持续监视敌人的能力"[6]。这就是无人机的根本性贡献：监视的革命。这种革命有哪些体现呢？我们可以通过几个大的原则来归纳一下这些创新。

1.持续观察和时刻监视的原则

过去飞机的飞行时间会受到飞行员身体的限制，但无人机可以在空中停留很长时间。它可以全天 24 小时不间断地作业——电子眼又没有眼睑。当无人机在空中巡逻时，地面上的操作人员可以分成每 8 小时一组，分批守在屏幕前。驾驶员与驾驶舱的分离，让工作实现了彻底重组，而正是这种社会化地减少对人眼的需求，加上机械本身的技术实力，确保了机构之眼"地理空间上的永久性'监视'"[7]。

2.综合视角和总览视图的原则

第二个原则，在监视的持续性之上又增加了总览性。这就是所谓广域监视的概念：随时随地监视一切。而正在研发的革命性的新型光学设备，很可能继续对这种视野范围加以拓展。配置了这种"成像"系统的无人机，装备有不止一个，而是十几个朝向各个方向的高分辨率微型摄像头，就好像苍蝇眼睛的复眼结构。软件可以实时将不同的画面聚合成一个总体视图，需要的时候可以放大观察细节。[8] 我们将看到一整个城市或地区，类似于高清卫星图片的画面，只不过画面是通过视频或直播进行传输的。不同的操作团队，只要想要都可以随时放大某个特定街区或特定人物的画面。只要装备了这种系统，一架悬停在上空的无人机就可以取代散布在整座城市的监控摄像头网络。无人机将成为"全视"的存在。

但事实上，现阶段的技术还远远达不到这种水平。一份最新的军事报告表明，现有的设备无法达标：既不高效，适应性也差，特别是在有效进行人物追踪时分辨率不足，同时它的定位系统也存在令人担忧的缺陷。[9] 但这里我认为理解这种理性的指导原则至关重要，而不要被它现行的效率影响了判断。

3. 全面存档和拍摄所有生命的原则

光学监视不仅限于实时监控。它还有一个非常重要的功能就是录制和存档。"永久性监视的概念背后，是拍摄一部关于整座城市的电影，以便于我们可以追查所有车辆和所有人的行踪。"[10]这部关于所有生物和所有事物的影片杀青后，我们就可以翻看几千遍，每次只聚焦一个不同的角色，从他的视角回顾整个故事。我们可以选择片段、倒带、回放或者快进。我们不仅可以在空间上，还可以在时间的维度上随心所欲地进行浏览。一件事发生后，我们可以倒推它的缘起："如果一次性就可以监视整座城市，汽车炸弹就可以回溯到它的源头。"[11]有了预先的全面存档，我们就能保证追溯到所有的轨迹和起源。

然而这就需要巨大的存储、索引和分析能力，而现有的系统尚不具有这样的能力。[12]据媒体报道，仅在 2009 年，美国无人机就生成了相当于 24 年时长的录像。[13]而新型的 ARGUS-IS 系统可以"每分钟生成几万亿字节的数据，是上一代传感器的上百倍"。[14]而这正是问题的所在，那就是无处不在的"数据过载"问题，数据的过剩或泛滥将导致大量的信息无法使用。

为了解决这个问题，五角大楼决定向体育界取经。美式橄榄球，特别是其电视直播，在视频处理领域运用了先进的创新技术。每场比赛，都有十几部摄像机对球场上的球员进行全方位的拍摄。每一组镜头在生成的同时便立即编入数据库的索引。通过强大的软件协助，导演可以对任意动作进行不同角度的回放，同时将统计数据显示在屏幕上。正如美国空军负责"情报、监视和搜查"部门的副参谋长拉里·詹姆斯（Larry James）所解释的，"在数据的收集和分析方面，体育频道遥遥领先于军队"。[15] 美国军方在向体育频道的演播室派驻过特使后，决定采购一款演播室使用的软件的修订版 [16]。毕竟，他们要解决的问题是相同的："体育赛事的广播公司希望针对某一个特定球员或者制胜球，进行视频的收集和分类，而军方可以运用相同的手段追踪叛乱分子。"[17] 瓦尔特·本雅明很早以前就警告说，未来战争"将呈现一种全新的面貌，战斗将完全被竞技所取代，战争行动将丧失一切军事特征，而完全服从于一种破纪录的逻辑"。[18]

接下来的技术步骤将是如何自动建立影像索引。如何不用人手动输入"标签"（tags）或者元数据，而把这个麻烦的任务交给机器来处理。但这就需要软件能够描述事物或行动，也就是说软件可以自动将像素集合转化成名词、动词和分句。美国国防高级研究计划局（Defense Advanced Research Projects Agency，简称 DARPA）对这一方向的研究进行了资助，其中由认知科学研究人员参与研究，旨在建立"自动化视频监控的综合认知系统"[19]。

我们可以设想，在空中飞翔着机械化的书记员和抄写机器，实时地记录着下面世界上最微小的活动。就好像在人们生活的同时，摄像机就已经捕捉到动态画面，并且即时开始生成相关场景的详细报告。但这些文字，也就是关于一切事实和一切行动细致入微的编年史，同时也构建了另一样东西：一个巨大的索引，一个被信息编程的巨大视频库，所有的生命在被摄像机攫取了的片段中，都是可以被回溯式"检索的"。

4. 数据合并原则

无人机不只有眼睛，还有耳朵和其他的器官："捕食者和死神无人机可以拦截无线电、手机或其他通讯设备的电子通讯信号。"[20]存档的关键就在于将来自不同层面的信息订合在一起，将同一事件的不同信息面合并到一起。比如说将某段电话录音与某段视频序列及GPS 坐标联系起来。这就是所谓的"数据融合"（datafusion）的概念。[21]

5. 生命体的图示化原则

这种"将不同来源的数据，包含了'哪里'，'何时'和'谁'这三个维度的信息整合并将其可视化的能力，"德雷克·格雷戈里（Derek Gregory）指出，"让人想起 20 世纪 60 年代瑞典地理学家托斯滕·哈格斯特朗

（Torsten Hägerstrand）建立的时间地理学图示"。[22] 这一极具创意的人类地理学流派认为应当绘制一种全新的地图，用时空动态图来从三个维度展现生命的历程，它的周期和轨迹，以及它的意外和偏差。然而这种生命的绘图法却遭遇了令人痛心的曲解，成为如今武装监视的主要认知基础之一。目的是能够"通过不同的社交网络，针对多名个体进行追踪，以建立一种形式或'生活模式'（pattern of life），这与反叛乱理论的核心内容，即'基于活动的信息'范式不谋而合"。[23]

与人们可能的设想相反，这种永久性监视设备的主要目标不是跟踪已知个体，而是观察是否有做出异常行为的可疑分子的出现。因为这种信息模型"以活动为基础"，也就是说，它基于对行为的分析，而不是对已知个体的识别，但矛盾的是，它却声称可以"识别"尚保持在匿名状态下的个体，也就是说通过他们的行动特征来确定他们的身份：这种识别不再是个体性的，而具有了一般性。[24]

6. 异常检测和预防性预测原则

我们通过检索图像画面，从众多活动中选取与安全相关的事件进行观察。这些事件因其异常和不规则性引起我们的注意。任何脱离正常活动轨迹的行为都将被视为一种威胁。一名美国空军的情报分析员说过："如今，对无人机捕获的画面进行分析，介于警方工作和社科研究之间。我们将注意力集中在了解'生活模式'以及这些模式的偏差上。比如说，如果一座桥上通常挤满了人，但突然就空无一人了，那很可能说明当地人知道有人在上面放置了炸弹。这时你就要开始进行文化研究分析，开始观察人们的生活。"[25]"这一任务的重点，"格雷戈里指出，正是"用军事化的节奏分析区分'正常'和'异常'活动，而这种分析开始变得越来越自动化"。[26]

异常行为的自动检测基于对行为可能的发展做出预测。[27]在掌握了特定情境下已知序列的特征后，分析员声称可以从已有的经验来推导未来的发展轨迹，并事先积极地加以阻挠。这就是所谓的"快进"功能："自动识别某些场景可以提供有关威胁的早期预警。"[28]对未来的预测基于对过去的了解：以生命档案为基础，通过提取其中的规律并预测它重复发生的可能性，我们不但可以预测未来，还可以在事情发生之前改变它的进程。这种主张显然建立在非常脆弱的认识论基础上，不但不会阻止，相反会确保其变得非常危险。

再来看看这些装备的名字，"百眼巨人"（Argus）[29]和"戈尔贡凝视"（Gorgon Stare）[30]，也很有启发性。阿耳戈斯是希腊神话中一个长有一百只眼睛的巨人，也叫作潘诺普忒斯（Panóptês），"能看到一切的人"。由福柯分析过的边沁的全景敞视监狱，最初是一个建筑的设想。但作为这种模式的延续，在过去的几十年中，城市已经布满了监控摄像头。而无人机的监视更加经济实惠：它不需要空间上的改造或者接入。对于无人机而言，有空气和天空就足够了。就像电影《眼球战机》[31]里一样，摄像头从墙上脱离后，安装了翅膀和武器。我们已经进入了飞翔的武装的全景敞视监狱时代。至于戈尔贡的凝视，能让不幸与它对视的人全部石化。这是一种能杀人的凝视。因此这已经不是"监视与惩罚"，而是"监视与毁灭"。

***

《纽约时报》记者大卫·罗德（David Rohde）于2008年被绑架并囚禁在巴基斯坦的瓦济里斯坦（Waziristan）长达7个月之久，他是最早描述这种致命的永久性监视对人民造成的影响的西方人之一。他将其描述为"人间地狱"，并补充道："无人机太可怕了。从地面上，我们无法确定它们在跟踪谁或者什么事情，就只是盘旋在我们头顶。远处推进器的嗡嗡声时刻提醒我们死亡就在你眼前。"[32]

2012年，一份题为《活在无人机下》的报告累计收集了该地区相似的证词：

> 它们一直在监视我们，一直悬在我们头顶，你永远不知道它们什么时候就会发起进攻。[33]

> 所有人无时无刻不处在恐惧中。当我们坐在一起开会的时候，我们害怕会被攻击。如果你听到天空中有无人机盘旋的声音，你以为它是来消灭你的。我们一直惊恐不已。头脑被恐慌所盘踞。[34]

> 我脑子里全是无人机，根本睡不着。它们就像蚊子一样。尽管你看不见，但是能听到它们的声音，知道它们就在那里。[35]

> 孩子，大人，女人，全都惊慌失措……因恐惧声嘶力竭。[36]

一个住在巴基斯坦达塔克海尔地区的居民——这个地区在过去的三年中经历了30多次无人机的轰炸——说到他的邻居们时说，他们"都精神失常了……把自己锁进房间里。就像关进监狱的囚犯一样。他们就是囚犯，只是被关在房间里"。[37]

无人机确实令人胆战心惊。它们制造了大规模的恐慌，对所有人都造成了威慑。它最可怕的地方除了死亡、伤残、废墟、愤怒和哀痛之外，是致命的永久性监视带来的影响：一种精神禁闭，而禁闭的边界不再由铁窗、围栏或墙壁组成，而是高高盘旋在头顶的飞行的瞭望塔画出的看不见的圆圈。

5. 分析生命形态

> 敌方首领和其他人看上去一样；
>
> 敌方战斗人员和其他人看上去一样；
>
> 敌方车辆和民用车辆看上去一样；
>
> 敌方设施和民用设施看起来一样；
>
> 敌方设备和物资看上去和民用设备和物资一样。
>
> ——美国国防科学委员会 [1]

69　　"这可真是最奇怪的官僚仪式了：每周，效力于庞大的国家安全机构的一百多名成员，通过加密的电话会议聚集到一起，讨论恐怖分子嫌疑人的履历，然后提交给总统来决定下一个要死的人。"[2] 这一每周例会在华盛顿被称为"恐怖星期二"[3]。嫌疑人名单一旦确定，就会提交到白宫，由总统亲自口头批准上面的每个名字。一份"杀戮名单"便这样生效了，而无人机会完成剩下的工作。

70　　制定这些无需经过审判就被执行死刑的嫌疑人名单的相关标准到底是什么，至今仍不为人所知。政府部门拒绝就这一问题进行澄清。尽管如此，美国国务院法律顾问高洪柱（Harold Koh）试图安慰民众说："我们识别合法目标所使用的程序和步骤都非常严格，而先进技术使得我们可以更加精确地锁定目标。"[4] 简而言之：闭上眼睛，相信我们就对了。

但除了这些指名道姓的"人物打击"，还存在一种"特征打击"（frappes de signature）——这里的"特征"（signature）指的是行迹、迹象和定义特征。这种打击的目标针对的是身份尚未明确，但其行为有迹象暗示或表明其属于某种"恐怖组织"的个体。在这种情况下，"即使不知道目标个体的确切身份"，也可以实施打击，这完全取决于他们的行为方式从天上看来是否"符合美国事先确认的军事活动的'特征'"。[5] 这种对不明嫌疑人实施的打击，如今占无人机打击的大多数情况。[6]

为了找出这些匿名的武装嫌疑分子，我们要依据"官员所谓的'行为模式分析'（pattern of life analysis）[7]，利用无人机上监控摄像头收集的事实性证据，以及其他信息来源……随后用这些情报锁定可疑的武装人员，即使无法确认他们的具体身份"。[8] 正如一名死神无人机的操作员解释的："我们可以通过建立起的行为模式，决定谁是坏人，请求许可，然后开启一整个循环：找到目标、确定目标、跟踪、瞄准、攻击。"[9]

　　每个人都有自己的生活方式或模式。你的日常行为都是有重复性的，行动是有规律性的：你会在每天差不多同样的时间起床，沿着同样的路线上下班。你会定期与同样的朋友在同样的地点见面。如果有人监视你，他们会记录你所有的出行情况，然后就你熟悉的路线制作失控动态图。他们还可以通过检查你的电话记录，在这张图上叠加你的社交网络情况，确认你的个人关系情况，从而得以评估任何一个人在你生活中的重要程度。正如一部美国军方手册解释的："当地人从一处转移到另一处，侦察和监视将如影随形，并记录每个人去过的每个地方。据此我们可以建立起连结目标、地点、这些人之间的关系，而敌人关系网中的'节点'将会显现出来。"[10] 关于你的位置和连结的双重网络一旦编制完成，你的行动将可以被预测：如果不下雨的话，你可能会在周六的某个时段去某个公园慢跑。但如此一来，一旦出现可疑的不规律行为也将被觉察到：今天，你没有走平时常走的那条路，或者你在一个不寻常的地方约见了人。任何偏离了你个人习惯，和任何打破你过往常规的行为，都将引起警觉：有些事情不太寻常，因此可能是有可疑的事情正在酝酿。

　　行为模式分析更准确的定义是"联结分析和地理空间分析的融合"[11]。要想理解这个概念，可以试想一下，在一张数字地图上，叠印了脸书、谷歌地图和 Outlook 日历。社交、空间和时间数据的融合，换句话说，一幅在社交、地理和时间三个维度上绘制的地图，不仅映射了这些维度的规律性，也反映出其不一致的地方，而这几乎就是一个人的一生。

这种方法论属于"基于活动的情报"（activity-based intelligence，简称 ABI）[12] 范畴。从一个个体、一个群体或一个地点处收集的大量数据中，可以逐渐形成可识别的"模式"。活动替代了身份：我们不再指定实名的目标，而是反过来，通过寻找定位、监控观察、收集数据、绘制大型图表，然后通过分析"大数据"，明确网络中的节点，然后通过这些节点在整个局面下的位置和影响力的大小，来确定是否需要将其作为威胁来铲除。国家地理空间情报局的基思·L.巴伯写道："随着时间的推移，通过编译基于活动的关联数据及其元数据……可以形成一个丰富的数据库，来从中获取行为模式、关系网络和通常会被忽略的异常现象。"[13] 人文地理学和网络社会学成了根除政策的工具，而"永久性监视"有助于查处危险分子。通过耐心积累行为数据，逐渐组成匿名档案，等档案达到一定的厚度时，就是死亡令要下达的时候。

73

　　官员们声称这些方法可以确保目标的识别："你可以对个体实施跟踪——然后耐心地小心地——弄清楚他们移动的方式,所到的地点和所见的事物。"[14] 那些最终被我们杀死的,"都是随着时间的变化,在行动上充分证明了他们是具有威胁的"。[15]

　　但所有问题——认知问题、政治问题——都依赖于这种号称可以将可能的迹象整合并准确转化为合法目标形象的能力。

　　但这种方法和手段事实上存在着明显的局限性。先从光学技术说起。正如一名中情局前官员承认的:"从6000米的高度上,你看不清什么。"[16] 无人机只能模模糊糊地识别一些形状。比如说在 2011 年 4 月,美国无人机就"无法分辨两个全副武装的海军陆战队员和非正规军之间的差别,然而双方的战斗制服有着非常明显的差异"。[17] 无人机只能看到模糊的剪影。在美国政府中流传着一个颇有启发性的笑话:"当中情局的人看到三个人在跳健美操,会以为那是一个恐怖主义训练营。"[18]

　　2011 年 3 月 17 日,美军袭击了一群在巴基斯坦达塔克海尔地区聚集的人群,造成多人死亡,理由是"他们的行为与基地组织的武装行为方式相吻合"。[19] 他们聚集的方式满足了涉嫌恐怖主义行为预先设定的条条框框。但从天上观察到的这次聚会,实际上是一次传统集会，一次支尔格大会，大会召开是为了解决当地社区中的一次争端。据估计，有 19 到 30 名平民在这次袭击中丧生。从天上看来，没有什么比乡村聚会更像好战分子的集会了。

2010 年 9 月 2 日，美国官方宣布在阿富汗的塔哈尔，消灭了一名重要的塔利班首领。但事实上导弹击毙的是扎贝特·阿马纳乌拉（Zabet Amanullah），一个正在参与竞选活动的平民，同他一起丧生的还有其他九个人。之所以会造成这样的混淆，是因为过度信任这种定量分析的结果（但对于这种手段而言这又是必需的）：分析员聚焦于手机的 SIM 卡、通话记录和社交媒体网络图，"他们追踪的不是人，而是手机"。[20]

而在证据的确立方面，证据的数量不一定能转化成质量。而这恰恰是问题所在，正如加雷思·波特（Gareth Porter）所解释的："情报部门在进行联结分析时所采用的方法，根本无法定性区分'节点'之间的不同关系。这种方法只能分析定量数据，比如存在一个先行确认的目标人物，那我们会分析一个个体与这个目标人物的电话通话次数或拜访次数，以及他拜访过多少与这个目标人物有联系的人。于是会出现一种不可避免的后果，那就是越来越多的非战斗平民持有的手机号码会出现在叛乱网络图上。如果通话记录显示这个号码与多个已经在'击毙或逮捕'名单上的号码有过联系，那持有相关号码的个人自己也有可能被加到名单上。"[21]简而言之，按照这个逻辑，通过分析人与人之间联系的数量和频率，就能推断出一个群体的成员组成和身份，而这与群体的性质无关。而这一个逻辑的致命之处在于，一个官员总结道："一旦我们认定某个人是坏人，那所有和他相熟的人也都是坏人。"[22]

这种分析方法依据的是纯粹的模式。而根据模式的定义，同一个模式可以对应不同的现象。这一认知问题就好比中国的皮影戏。你看到一个影子像一只大狗，但如果只看影子，你怎么能确认具体投下影子的是什么呢？或许那只是双手投下的影子呢。

尽管如此。如今美国无人机的"特征打击"就是建立在这样的认知基础上的。当局建造了一座皮影戏的剧场："结果常常是无人机根据对'行为模式'的判断，在目标是否如我们所想的一样都没有直接确认的情况下，以无辜者的生命为代价，盲目发动袭击。"[23]

一名巴基斯坦年轻人和他的家人是无人机袭击的受害者。他被问到：

"你认为他们为什么要攻击你们？"

"他们说我们是恐怖分子，但那里只是我的家……那里没有恐怖分子。只有长着胡子的普通人。"[24]

6. 杀伤盒

人类在地球表面所做的任何事
都无法阻止飞机在第三个维度上自由
飞翔。

——朱利奥·杜黑（Giulio Douhet）[1]

在"全球反恐战争"的概念下，武装暴力已经失去 79
了它的传统边界：在时间上没有限制，在空间上也没有
限制。[2] 有人说，整个世界都成了战场。但更确切的说
法无疑是，整个世界都成了狩猎场。如果说武装暴力的
范围已经扩大到全球，那完全是围猎的需要。

如果说战争最终是由战斗来界定的，那狩猎主要
是由追捕来界定的。两种活动对应着完全不同的地理区
域。战斗发生在武装冲突爆发的地方。而追捕则是朝着
猎物逃窜的方向移动。在国家－猎人的眼中，武装暴力
不应当只运用于可划定边界的区域，而是敌人－猎物所 80
在的任何地方，可以说敌人－猎物所到之处都头顶着一
簇"我是坏人"的移动光环。

为了躲避追捕，猎物要试着让自己变得不可察觉

或无法接近。然而要做到无法接近，不能单纯依赖地理上的物理地形——茂密的丛林或者深陷的洼地，也要同时运用政治地理上的凹凸不平。正如追捕论的理论专家们指出的，"主权边界是（逃犯）最好的盟友"[3]。英国的普通法曾允许在乡下"追捕诸如狐狸或黄鼠狼这样的有害猎物时，可以进入他人的领地；因为除掉这样的生物符合公共利益"。[4]美国就是想攫取这样的权利，在全球范围内追捕猎物。[5]保罗·沃尔福威茨（Paul Wolfowitz）总结道，必须"拒绝向他们提供任何庇护"。[6]

由此便产生了一种入侵权的概念，其基础与其说是征服权，不如说是追捕权。这种入侵或普遍追捕权授权追捕任何地方的猎物，即使这意味着践踏了传统上与国家主权相关的领土完整原则。因为在这种概念中，其他国家的主权变得要依情况而定。要想充分享有主权，国家必须全身心地参与到这种帝国主义式的追捕中。否则——"失败国家"无力参与，而"流氓国家"不愿参与——这些国家的领土将被国家–猎人合法入侵。

领土主权的陆地形式基于土地的封锁，但无人机高悬在空中打破了这种封锁。它延续了空军在历史上的重大承诺。空军无视地面上的坑坑洼洼，杜黑写道："在第三个维度上自由飞翔。"[7]在空中画出属于自己的线条。

一旦掌握了制空权，帝国权力就改变了它与空间的关系。它无需占领任何领土，而只需确保控制领土的上空。埃亚勒·魏茨曼用这样的术语解释了当代以色列的战略，并描述其为一种纵向策略。这种"以技术代替占领"[8]的模式，就是要"用领土控制之外的其他手段维持对撤离地区的控制"[9]。这种纵向的权力意味着一种地面之上的权威，任何个体、房屋、街道，"甚至是地面上最小的事件，都能从空中被监视、管制或摧毁"。[10]

主权问题因此就增加了一个航空政策的维度[11]：谁将对空气和海浪拥有权力？[12]艾莉森·威廉姆斯（Alison Williams）强调了将政治地理视为一个三维现象的重要性，并提到了"航空主权面临的危机"[13]。美国无人机对附属空域的一再侵犯是当今最突出的表现之一。主权不再是一个平面，而是立体和三维的，而对主权的争议亦是如此。

斯蒂芬·格拉汉姆（Stephen Graham）解释认为，传统军事理论的出发点"是在一个基本上'平坦'且没有起伏的政治地理空间上投射其横向的权力"[14]。而这种权力投射的模式如今已被另一种模式替代或补充，用极简的方式来表达，就是该模式已经从横向转入纵向，从老旧参谋地图上的二维空间转变为一种立体的地缘政治学。

　　在当代关于空中力量的理论中，作战空间不再是一片同质且连贯的区域，而是"一种动态的马赛克拼图，叛乱者的目的和手段会因地而异"[15]。我们应当将它看作是一个有不同色块分割的拼图，每一种颜色都对应着不同的作战规则。

83　　但这些色块更确切地说是立方体。这就是"杀伤盒"（Kill Box）的核心概念，用法语不完善地翻译出来就是"致命的盒子"或者"死亡的立方体"。这一概念出现于 20 世纪 90 年代："杀伤盒用图形来表示的话，就是一条实心黑线划出的特定区域，里面有黑色的对角线。"[16] 如果想象将它用 3D 的方式呈现在屏幕上的话，则是在一片划了格子的地面上放置了许多立方体，战区上布满了透明的盒子。

　　"杀伤盒"有它的生命周期：被打开，被启动，被冻结，最后被关上。它们的演变如果放在屏幕上，有些像硬盘的碎片整理过程：一片片小的区域被激活，然后在被处理过后逐渐改变颜色。

　　"'杀伤盒'一旦建立，空军立即就能对地面目标进行攻击，而无需与指挥部进行作战协调。"[17] "反叛乱行动的'马赛克'本质，特别适合以这种分散的执行方式组织行动"[18]，每个盒子都成为一个作战单位负责的"自主作战区"[19]。更确切地说就是：盒子之内，任意开火。一个"杀伤盒"就是一个临时的杀戮自治区。

在这种模式下，冲突区域看起来就像一个支离破碎的空间，里面堆满了临时的死亡盒子，开启它的方式可以很灵活也可以很官僚。正如福米卡（Formica）将军在一封电子邮件里用毫不掩饰的热情解释的："'杀伤盒'帮助我们实现了这些年来我们一直想做的事……迅速适应战场的划定；如今，随着自动化技术和美国空军对'杀伤盒'的运营，你可以用非常灵活的方式，从时间和空间上划定战场的界限。"[20]

2005 年，兰德公司总裁给唐纳德·拉姆斯菲尔德递交了一份备忘录，向他建议在反叛乱行动中"采用'杀伤盒'的非线性系统"。[21] 汤姆森强调了一点非常重要："'杀伤盒'的大小可以根据开阔地带或城市巷战的条件不同进行调整；也可以迅速打开或关闭以应对不断变化的军事局势。"[22]

"杀伤盒"这种间歇性和标量调制的双重原则至关重要：这将有助于"杀伤盒"的模式拓展到公开的冲突区域之外。视情况的不同，这些致命的临时微型立方体，可以在世界任何地方打开，只要能锁定一名被视为合法目标的个人就行。

当美军的战略制定者们设想 25 年后的无人机会是

什么样子的时候，他们开始让图形设计师合成一座典型的阿拉伯城镇，里面有清真寺、建筑物和棕榈树。而天空中则有蜻蜓飞来飞去。那些蜻蜓实际上是纳米无人机，一种自动机器昆虫，可以成群结队地潜入并"在越来越密闭的空间中航行"。[23]

通过这种装置，武装暴力可以在非常狭小的空间内展开，比如在微型的死亡立方体中。这样在消灭一个个体的时候就不需要破坏整栋建筑，而是通过缩小武器体积，从窗洞或门洞中潜入，将遥控引爆的波及范围限制在一间房间，甚至是一具身体内。你的卧室或办公室就成了一个战区。

在未来的微型战机面世之前，无人机的支持者们已经开始将精力集中在提升武器的技术精度上了。但矛盾的是，他们这种所谓的精度提升事实上将武器的火力范围扩大到了全世界。这是一种双向运动，它立足于"武装冲突区"这一空间法律概念，同时几乎与它完全割裂。这种自相矛盾的割裂有两个原则：1. 武装冲突区被分割成一个一个的微型"杀伤盒"，目的在于，理想的话，将战场缩小到敌人－猎物的身体中。这是精确性和明确性原则。2. 但这种微型的移动空间，出于追捕和"外科手术"性质的打击需求，意味着只要是人能去的地方，都可以进行攻击——全世界都成了围猎场。这就

86

是全球化和一元化原则。正是因为我们可以精确地瞄准
目标，按照军方和中情局的说法，我们就可以在任何我
们认为是合适的，以及战斗区域以外的地方实施打击。

今天，许多美国法学家一致认为，不应再从狭隘的
地理角度诠释"武装冲突区"的概念。这种以地理为中
心的概念被认为已经过时了，取而代之的应当是一种与
敌人 – 猎物的身体紧密相关，以目标为中心的概念，即
武装冲突区"就是目标所在的地方，而不再考虑地理因
素"。[24] 这种观点认为，"决定战场边界的不再是地缘政
治的边界，而是武装冲突参与者的定位"[25]。

这些法学家的主要论点之一，主张实用性大于司法
性，且得到了美国政府的直接援引。如果必须舍弃以地
理为中心的战争法，他们温和地重申道，那是因为如果
继续援引它，则事实上"那些警察部队效率低下的国家
将成为恐怖主义组织的庇护所"[26]。但这个隐藏在语义争
论背后的论点，也让其政治意义昭然若揭：它旨在证明
逾越国界行使致命治安权力的正当性。

当然正如德雷克·格雷戈里所指出的，其引发的
众多问题之一，就是"按照法律逻辑，当战场可以延伸
至公开的战斗区之外时，战斗区本身将得到无限的延
伸"[27]。当我们重新定义了武装冲突区的概念，认为它是
与敌人本人紧密相连的移动场所的话，我们就能以武装

冲突法的名义，要求获得一种相当于法外处决的权力，在世界范围甚至是和平区，无需按照流程，便能对任何嫌疑人行刑，包括这个国家自己的公民。[28]

权力的尽头在哪里？这是 2010 年非政府人权观察组织向奥巴马总统提出的问题："按照这种观念，整个世界自然会演变成适用于战争法的战场，但这违反了国际法。政府是如何定义'全球战场'的呢……？是按照它的字面意思去理解吗？也就是说，法律将允许致命武装对恐怖主义嫌疑人实施打击，无论他是在巴黎的公寓里，伦敦的商场里，还是爱荷华市的公交车站上。"[29]

持批评意见的法学家们反对这种危险的诠释，意在维护冲突区的传统概念，强调其根本理念，认为武装暴力和它的法律有空间上的边界；而战争在法律范畴上应当是一个限定地理的对象。一场武装冲突是否需要占据一个地点，一个可划定的区域？这个本体论的问题看似很抽象，但如今已具备了决定性的政治影响。如果答案是肯定的，那以下的一切则不言自明：战争与和平不只在时间上相互承接，它们自身也是一个划定的空间，拥有法律上的地理分界。一个区域之所以是一个区域，是因为它是一个有限的空间，有边界，有内外部的分别；而武装冲突之所以是武装冲突，说明它的暴力强度达到了一定程度。但这些简单的定义具有极其重要的规范含

义，比如说：如果战争法的特别法律只适用于有战争的
地方，那在这个地方之外，人们就没有采取战争行为的　89
权力。

正如法学家玛丽·艾伦·奥康奈尔（Mary Ellen
O'Connell）指出的，如今在巴基斯坦、索马里和也门
发动的无人机打击是非法的："无人机发射的导弹或投
掷的炸弹，都是只能在武装冲突下的敌对行动中方能使
用的武器。"[30] 然而 "在巴基斯坦境内并没有武装冲突，
因为没有出现有组织的武装团体之间的激烈战斗。国际
法不承认这种在实际武装冲突之外，使用战争武器杀人
的权力。而所谓的 '反恐战争' 并不是武装冲突。"[31] 这
些袭击因此严重地违反了战争法。

全球化的追捕行动与法律的传统解读显然形成了
矛盾。因此追捕行动的倡导者们竭力反对以传统的视角
审视这一现状，极力否定武装冲突法中隐含的地理本
体论前提。[32] 在当前寻求扩大追捕领域的斗争中，法学
家们冲在第一线。而他们应用的本体论就是他们的战
场。[33] "什么是一个地点？"成了一个事关生死的问题。
也许是时候回想一下，法律当时在界定暴力使用的地理　90
范围时，背后的根本目的正是为了限制暴力。

7. 空中反叛乱

空中力量中蕴藏着令我们自我毁灭的种子。

如果我们不负责任地使用它，就可能输掉这场战斗。

——麦克里斯特尔将军（Général McChrystal）[1]

"军队最爱使用的武器之一就是飞机，但它在游击战的第一阶段百无一用，因为战士的人数稀少，且分散在崎岖的地区。飞机在有系统地摧毁有组织的明显防御时非常有效，但这与我们的战争没有任何相似之处。"[2] 当埃内斯托·切·格瓦拉于1960年写下这些话的时候，事实确是如此。

直到最近，在过去被称作"帝国主义阵营"中的反叛乱战争的战略家，都一致赞同格瓦拉的观点。对于一群行踪诡秘、善于隐藏在战场曲折地形中比如城市隐蔽处的战士们，空中武器可以说全无用处，甚至更糟——适得其反。由于地面上没有从空中可以探测到的军事集结，轰炸就必然会造成平民流血事件。但如果说条令上反对使用空中武器，事实上更多是出于战略而非道德原因：因为反叛乱战争的明确目的就是为了团结民众，但如果盲目使用暴力，则可能迫使民众倒向敌人一方。由此，在这种战略下，空中武器在理论上遭到了边缘化。甚至在 2006 年美军的《反叛乱战地手册》（*Counterinsurgency Field Manual*）中，也只有几页内容与空中武器有关，还被归入了附录。

但在实践中，事情已经开始发生变化。无人机被快速普及并广泛使用，在 20 世纪末事实上成了美国反叛乱行动中最主要的武器之一。一些战略家开始着手将这种无声的转变理论化：要想让军事实践自觉意识到这种转变，就必须不惜颠覆现有理论。

战略家们对于理论落后于实践深感遗憾，因此向空军呼吁，希望他们采取明确的反叛乱空中条令。这些"空中力量"的支持者们正面反对正统反叛乱战争理论家的"地面中心论"，认为这是一种"过时的模式，且格局狭窄"，因此遗憾得很，在这种模式下"空中力量只能被打发完成些辅助职能，而'真正'的任务是由地面部队完成的"[3]。要颠覆这种陈旧的模式，就必须明确并充分执行以天空为中心的新型战略，而无人机一段时间以来都是该战略实现的首选工具。按照卡尔·施米特的理论，游击队仍然主要在地面上采取行动[4]，当代的反游击队战争必然在空中展开。

　　游击战一直是大国在不对称冲突中经常遭遇的难题。为了弥补暂时的弱势，游击队更喜欢进行小规模战斗或伏击战，而不是直接对抗。迅速出击后立即撤退，让自己的行踪变得难以捉摸。而无人机的出现就像是对这个历史性难题迟来的回应：无人机用一种极端的方式，让游击队被自己长期以来的战斗准则所困：让敌人失去敌人。一名游击队员在面对一个无人机战队时，失去了可打击的任何目标。"我们向真主祈祷，赐予我们可以杀戮的美国士兵。但从天而降的炸弹是我们无法对抗的。"[5] 这些话源自《纽约时报》采访的一名阿富汗村民，美国官员很喜欢在关于无人机的 PPT 中插入这些话；他们认为这无疑证实了这种新型武器无可辩驳的有效性。

　　要让战斗无法进行，并将武装暴力转变为行刑，就要摧毁敌方战士的意志。因为"死亡并不能让一个人失去斗志……但倘若在某种力量的支配下，死亡无可避免，而人又在其面前无能为力的话，他就会丧失战斗的力量"[6]。美军少将查尔斯·邓拉普（Charles Dunlap）就解释说，无人机"创造了扰乱叛乱分子心理的机会"[7]。这并不是什么新观点。约翰·巴戈·格鲁布爵士（Sir John Bagot Glubb）就曾几乎一字不差地提到这个话题，在谈到英军于两次大战期间镇压土著叛乱时，他写道：

空中轰炸"有其可怕的精神影响，极大地打击了部落男人的士气，让他们产生无能为力的感觉，从而无法对进攻做出有效反击"。[8]

美军是在用恐怖手段作战，并且对此并不加以掩饰："美国精密的空中力量可以实现反叛分子……想用简易爆炸装置造成的效果（只是规模更大，效率更高）。"[9]这么说再明白不过了：在战术上，无人机进攻就等同于炸弹袭击——只是技术上更加精密复杂罢了。无人机就是国家恐怖主义的武器。

空军的战略家们当然明白，"因循守旧"的反叛乱理论家会抛出怎样的反对意见。他们的论点实质上，就是要让前者铭记历史的教训。你们如今推出的新战略，之前已经有人尝试过了，看看它的结果如何。你们关于"空中威慑"的论调与一战后英国皇家空军的空中轰炸战略没有区别，英国人的目的是为了"扰乱和摧毁村庄，迫使当地民众服从英国的管辖"[10]。这一政策，他们提醒说，最终导致了巨大的失败。对此我们只需援引一名英国军官于1923年所做的评估。在他的评估中，他描述了这一战略的恶劣影响，奇怪的是，这一描述完全吻合三代人后的今天，我们在世界相同地区使用的同样类型的战略："轰炸迫使被轰炸地区的居民，带着全然绝望的心情逃离了自己的家园，他们分散地躲进邻近的部族与部落，内心充满了对这种'不公平'战争的仇恨，这样的袭击产生的政治影响，恰恰是我们为了自身利益必须规避的，那就是边疆部落对我们怀有根深蒂固的敌意，从而与我们长期保持疏远。"[11]

正如美国特种作战司令部的情报官员安吉丽娜·马金尼斯（Angelina Maguinness）颇具预言意味地指出，鉴于"我们已经有了英国皇家空军有关空中威慑的前车之鉴，某些著名的空中力量理论家仍然考虑用其替代反叛乱战略中的大规模地面部署，这很有趣"[12]。她接下来用更加激烈的言辞指责了空中中心模式的支持者们，认为他们从根本上误解了反叛乱战略的实质："迈林格（Meilinger）未能认识到叛乱与反叛乱真正的实质。如果说行动的重心是人，而人居住、行动并生存于地面上，那认为美国能够在不失败的情况下改变反叛乱战争的性质，显然愚蠢至极。……反叛行动从本质上讲主要是在地面上进行的，而反叛乱行动因此也有必要如此。"[13]

这场地空之争几乎陷于形而上学：反叛乱行动可以上升到航空政治的层面而不失其精髓吗？当然，这种战略以及与之相关的政策，可能在行动中无法贯彻。

运用无人机进行反叛乱行动的支持者们声称，在科技进步的帮助下，过去的失败完全可以避免。诚然，在过去，"不精确武器造成的负面影响和附带伤害（dom-mages collatéraux）似乎掩盖了航空上的战术优势"。他们继续阐述道，事实上正是这样不幸的历史经验使人们认定，"反叛乱行动应当'脚踏实地'，而空中力量只会造成事与愿违的效果。"[14] 但我们已经翻篇了：无人机是一种高科技的工具。它实现了目标锁定在持续性和准确性上的双重革命，他们相信，这足以将那些旧有的反对意见扫进历史的垃圾桶里。

但汉娜·阿伦特（Hannah Arendt）警告人们，政治谎言的问题在于，骗子最终会相信他自己的谎言。[15] 这便是这一切给人的印象：一场推论的自我陶醉。支持者们一遍又一遍地重申，无人机打击和外科手术式打击的精确度极高，以至于附带伤害几乎可以忽略不计，他们似乎能够确信已经消除了一切重大的不利影响。但事实很顽固，讲述的是另一个故事。

戴维·基尔卡伦（David Kilcullen）绝对算不上一名和平主义者。他曾任彼得雷乌斯将军（Petraeus）在伊拉克的顾问，被美国人看作是当代反叛乱理论方面最杰出的专家之一。2009 年，他和安德鲁·麦克唐纳·艾克萨姆（Andrew McDonald Exum）共同撰写了《纽约时报》上的一篇独立时评，要求暂停美国对巴基斯坦的无人机轰炸。[16] 两名作者的分析判断很简单：这样的行动将对美国利益起到危险的反作用。我们为短期的战术成功感到自豪时，殊不知这将让我们在战略层面付出巨大的代价。

首先，他们进一步阐述，这样的轰炸只会逼迫平民百姓倒向极端组织，因为在权衡过利弊后，人们会发现比起极端组织，"一个没有面孔的敌人更加可恶，这一敌对势力通过发动远程战争戕害的平民往往比士兵还多"[17]。他们补充道："20 世纪 50 年代，法国空军对阿尔及利亚乡村地区展开的轰炸行动，以及 20 世纪 20 年代，英国对现今巴基斯坦的部落地区使用的'空中威慑'，与现如今的无人机战略何其相似。历史的重现……会让部落地区的人民将无人机进攻，看作是殖民政策的延续。"[18]

其次，公共舆论带有倾向性的激化和当中表达的愤怒，都不只局限于受到打击的地区：在一个全球化的世界里，武装暴力具有跨国影响力。而人们普遍认为，无人机实施的武装暴力代表了一种邪恶势力，不但懦弱而且倨傲。应当小心遭到它的反噬。

第三，也许也是最重要的："无人机的使用体现了一种战术——或更准确地说，一种技术要素的所有特征，而它正在取代战略发挥作用。"[19] 这便是他们最基本的判断：通过大规模使用技术上的新奇装置来代替真正的战略部署，国家机器有增加政治盲目化的风险。

　　美国军方内部的争辩中，确实有一些相当深刻的东西：其中最关键的便是如何理解政治。要想了解这一点，我们需要对那些正被大卸八块的学说进行一次简要且不完全的谱系梳理。

　　这一谱系首先源自几名法国的战略家，他们为了详细描绘出一种反革命（contre-révolutionnaire）的战略，从毛泽东、切·格瓦拉和许多其他人的著作中汲取了养分。他们粗略地阅读过革命战争的理论之后，得出以下这个符合他们目的的基本观点：战斗首先是政治性的。加鲁拉（Galula）在阿尔及利亚服完兵役后来到大西洋彼岸的美国军校任教，并将上面提到的所有教条精简为一条规范准则："为民众而战是反革命战争的一个重要特点。"[20] 就像游击战一样，反叛乱战争首先也是政治性的。它的重心是当地民众，我们要斩断他们与敌方的关系，并争取他们对我方的支持。而我们的战略目标就是将敌人边缘化，并剥夺他们的群众基础。[21] 一旦做到以上几点，我们就胜券在握了。

　　许多人坚持这一理念，比如基尔卡伦，他认为叛乱与反叛乱之间的对抗，可以看作是"对有争议的政治空间的争夺"[22]。这是无法从外部实现的。要想夺回这片兼具地理和政治意义的地带，必须身在其中。一片地带的控制不应从空中垂直进行，而应从地面上水平展开。况且我们真正要争夺的"地带"是人，是民众本身和他们的思想、信仰及感受。反叛乱的艺术是"政治战争"的艺术，在这样的战争中，如何领会行动带来的政治后果比战场上的战术胜利更重要。[23] 因此相关战术及武器的应用，是由冲突的关键，也就是军事行动对民众造成的政治影响来决定的。按照标准的措辞来说，要赢得"民心"，就要动用一系列广泛的措施，包括"军事、政治、经济、心理和公民"[24] 等相关的手段，而公开使用武力并不见得是当中最主要的组成部分。并且以上这些精致的表述自然考虑到了过去相应的历史实践。

　　这种在根本上从政治 – 军事角度来理解的反叛乱战争，尽管脱胎于马克思主义革命理论对武装暴力的理解，却在如今被人口和领土中心论的正统学派采纳，用以反对美国在反叛乱战争中几乎将无人机作为专属武器的做法。基尔卡伦在反对无人机技术崇拜的时候，正是打着战略构思的名义，与加鲁拉的理念一脉相承："在行动层面上，反叛乱战争就是不同阵营之间的竞争，每个阵营都在寻求民众的支持。人民依旧是成败的关键。"[25]

　　在反叛乱专家看来，战争的范式正在发生危险的变化，这不但破坏了美国武装部队的战略，也危及了他们自身在其中的根深蒂固的地位：在行动中投放大量无人机，是用事实表明，反恐模式在反叛乱模式之上，处于优先级。

起初，他们解释道，两种表达几乎就是同义词，只有用法上的不同。人们使用"反恐怖主义"的标签时，更多是出于宣传目的，利用这个词汇隐含的负面含义，用修辞手法剥夺对方叛乱行动的合法性。[26] 在 20 世纪 70 年代的欧洲，在应对红军派（Fraction Armée rouge）和红色旅（Brigades rouges）的时候，反恐怖主义才依据多种其他的原则，逐渐形成自己的独立范式，与传统的反叛乱理论框架分道扬镳。两者之间产生巨大差别。

因为反叛乱主要是政治－军事属性的，而反恐怖主义根本上是治安－安全属性的。这种指向性上的根本分歧还会产生许多其他的不同特征。

首先是两种范式看待敌人的方式不同。反叛乱模式将叛乱者视为"社会深层诉求的代表"[27]，要想有效地做出反击，就必须弄清该诉求的起因为何；反恐怖主义模式，则将敌人贴上"恐怖分子"的标签，把他们视为"反常的个体"，危险的人物，如果不是单纯的疯子，也纯粹是邪恶的化身。

因此通过对目标的重新分类，我们要实现的不再是打倒政治对手，而是逮捕或消灭犯罪嫌疑人。如果说反叛乱战略旨在"挫败反叛者的谋略，而不是逮捕实施具体行动的捣乱分子"[28]，那反恐怖主义则采取了完全相反的套路：它采用警察的治安逻辑，将问题拆成一个一个单独的案例，各个击破，将消除最大数量的嫌疑人作为目标。如果说反叛乱以民众为中心，那反恐怖主义就是以个人为中心。其目的不是切断敌人与民众的联系，而是将个人置于无法再制造破坏的境地里。而解决方法，就是将犯人一个一个缉拿归案，而无所谓他们进行对抗的理由是出于何种社会或地缘政治诉求。治安逻辑消解了政治分析。

104　　反恐怖主义一边进行道德说教，一边用非黑即白的视角看待问题，却忽略了针对敌对行动的根源以及反恐行动造成的影响展开真正的分析。善恶二元论不再只是一种修辞手法，而是必须考虑的因素，代入善恶二元论也极大地损害了对战略关系复杂性的分析。反叛乱战略除了武力，还涉及折衷妥协、外交行动、施压和达成约束下的协定；而反恐怖主义则在冲突面前拒绝使用一切政治手段进行处理。"我们不与恐怖分子谈判"，就是这种非战略性激进思想的口号。

　　在反恐和反叛乱的对决中，无人机追捕代表了反恐在理论和实践上的双重胜利。按照这一逻辑，随着死亡人数的减少和追捕名单的不断扩大，对数字的考量将逐渐取代对武装暴力造成的政治影响的战略评估。这是一种统计上的成功，与战场上的实际效果完全脱节。

正统学派的理论家们对此表示担忧：他们认为这样的重新定位，只会在中长期内对美国的利益造成灾难性的战略影响。要说从远处毁尸灭迹，无人机确实无出其右，但这与赢得"民心"搭不上半点关系。正如彼得·马图利奇（Peter Matulich）所写的："巴基斯坦反恐打击中对无人机目前的使用状况，与这十几年中美国发展出的反叛乱战争理论完全背道而驰……如今的无人机行动可以说收效甚微，甚至适得其反。根本无法实现反叛乱战争以人为中心的目标。无人机被用于'清理'行动造成了负面影响，导致了附带伤害及当地居民的军事化。这不仅疏远了民众，还滋生了新的叛乱。"[29]

巴基斯坦塔利班头目贝图拉·马哈苏德（Baitullah Mehsud）的证词，证实了这一观点："我此前花费了三个月的时间进行招募，只招到 10 个还是 15 个人。但美国发动了一次进攻，我就召集到 150 名志愿者。"[30] 这种镇压行动的模式，是反叛乱战术中最基础的内容，而美军似乎已经完全忘记了。更令人吃惊的是，他们的手册中白纸黑字地写着："通过军事行动进行的排他性对抗，在大多数情况下都将事与愿违；这样做有可能引起民众的不满，催生出殉道士，并引发新一轮报复行为。"[31] 但他们是真的忘记了吗？

有可能，但也可能有别的原因。如正统学派的理论家们担心的那样，也许空军战略的重组在事实上更加激进：单纯并彻底地抛弃传统反叛乱理论的政治假设。邓拉普就坚持强调，官方理论过分重视"占领部队赢得民心"[32] 的努力。然而他辩解道，不应当"低估军队在镇压顽固叛乱分子上的作用"[33]。"尽管历史上我们就空中力量对敌对国家民众……的影响进行过大量讨论，但今天这个问题已经改变了：它不再聚焦于平民，而是聚焦于对叛乱者本身造成的心理影响。"[34]

优先级被重新分配，自此我们优先执行旨在恐吓和铲除的政策，而不再顾虑对民众的政治影响。无人机让我们背离了民众——那又怎样？谁在乎瓦济里斯坦或者其他地方那些村民的"民心"。无论如何，与过去的殖民战争不同，作战的目的不再是征服一片土地，而仅在于远程消灭"恐怖主义威胁"。

在这种情况下，频繁地使用无人机就有了另一层含义。根据美国空军特别顾问理查德·安德烈斯（Richard Andres）的说法，过去的航空武器存在技术局限性，"击杀和消灭叛乱者的速度，赶不上敌人增长的速度"[35]。言外之意，一个由狩猎杀手型无人机组成的编队，如今终于具备了这种能力：在速度上取胜，消灭敌人的速度至少可以匹敌敌人增长的速度。反叛乱的战略格局因此明朗起来：只要有头重新长出来，就一刀砍掉它。也不管这种预防措施是否会产生不良影响，刺激新的叛乱爆发，并引发攻击和报复，从而导致难以控制的恶性循环。从这个角度来看，此前用以反对无人机打击时使用的反对意见，即按照传统的行动－镇压模式，无人机打击会造成敌军人数的增加这一点就不再有效了。敌军规模是否会扩大根本无关紧要，因为尽管人数逐渐增加，我们总是可以定期清理掉新成员。然后每隔一段时间就重复一次，陷入永无止境的清除行动。要明白，当反恐优先于反叛乱时，只要有充分的理由，就可以频繁地消除新出现的威胁，就像定期收割庄稼一样。"只要杀够了人，威胁就会消失。但'杀戮名单'……永远也不会缩短，只是名字和面孔被替换了。"[36] 矛盾的是，根除战略由于陷入无休止的循环，永远也无法彻底根除。而战略本身的负面性造成的不良影响，就像不断再生的九头蛇一样斩也斩不尽。

支持无人机作为"反恐"首选武器的人们，向我们承诺这将是一场没有伤亡也没有失败的战争。但他们却没有说明这也是一场没有胜利的战争。展现在人们面前的将是没有出路的无止境的暴力。相反，这种无法触碰的力量将一场冗长的战争引向了永久战争。

108

8. 弱点

> 这些骗子出售魔法
>
> 能让人在战争中刀枪不入,
>
> 还能愉快地狩猎并且远离一切危险。
>
> ——布拉瑟尔·德·布尔堡（Brasseur de Bourbourg）[1]

所有关于无懈可击的神话几乎都以失败告终。主人公虽然坚不可摧,却总有一个弱点。阿喀琉斯周身"无法被铁器穿透",当然除了他的脚踵。西格弗里特（Siegfied）曾沐浴龙血,身体被"龙鳞一般的皮肤包裹,刀劈斧砍也伤不到他"[2],除了他的右肩,那里落了一片菩提树叶。赫拉克勒斯在阿贾克斯还是孩子的时候,将他包裹在尼米亚猛狮的皮中,从而使他刀枪不入,但除了腋下,因为那里没有接触到猛兽的皮毛。波斯神话中,琐罗亚斯德将施了魔法的水浇到伊斯芬迪亚尔（Isfendiar）的头上,但后者却犯了个错误,闭上了眼睛,后来鲁斯塔姆（Roustam）向他右眼射出致命的一箭,最终击败了他。而在北欧神话中,巴德尔的母亲弗丽嘉,昭告天下万物苍生,命令它们立下誓言,绝不伤害她的儿子。但她唯独忘了邀请一株孱弱的植物，槲寄生……

这些神话证明，无懈可击恰恰只是一个神话。万事万物都存在弱点、意外或缺陷。一个屠龙英雄最终却死于一片枯叶。这正表明，人们永远无法做到绝对的无懈可击，任何让自己坚不可摧的企图都将产生其对应的弱点。正因为忒提斯要抓住阿喀琉斯将他浸入河中，她使他变得刀枪不入的同时也制造了他的弱点，那正是她抓着的脚踵。刀枪不入与弱点之间远远不是相互排斥，而是相辅相成。

这一警告同时也可以被理解为一剂良方：在面对一个看似无懈可击，或者希望自己无懈可击的敌人时，要找出他的缺陷，他的阿喀琉斯之踵。一切取决于找出这个无懈可击的人的弱点。战斗的前提是调研，而调研则涉及敌人的身体。

中世纪，在火药颠覆战斗中生死攸关的社会技术条件之前，据说骑士曾试图"让自己几乎变得刀枪不入，他们试想将盔甲的甲片紧紧拼贴在一起，无论矛、剑还是匕首都没法轻易穿透，并且让盔甲足够坚硬，让任何一个甲片都无法被刺穿"[3]。由此一来，"战士的一部分技能，不管是在战争中还是在单独的较量中，都在于找出护胸甲上的缝隙"[4]。

无人机操作员在屏幕上看到的画面，与现场实际发生的事情之间，有一定的差距：这就是"信号延迟"带来的问题。人们声称可以用技术手段缩短空间距离，但这种距离造成的时间差却无法压缩。操作员只能凭借先前略微过时的画面进行瞄准。据《纽约时报》的报道称，被瞄准的目标已经开始利用这种不同时性：当有人觉得自己在被无人机追杀时，会选择之字形的移动路线。[5]

与人们想传递出的全能形象相去甚远，无人机其实是一种很脆弱的武器，充满缺陷和深刻的矛盾。它在很多方面存在弱点。首当其冲的就是技术。

要使用无人机首先要控制它飞行的空域。由于在当前不对称战争的情形下，这种条件可以自动获取，因为敌军缺乏有效的防空系统，但如果这种条件不再具备，连大卫·德普拉自己也承认，那如今大多数的无人机都会"像苍蝇一样掉下来"[6]。

除了要控制空域，还要控制波段。2009 年，媒体报道称，伊拉克叛乱分子已经设法截获了由捕食者无人机发出的视频传输信号。[7] 要完成这项丰功伟绩，击碎这一颗美国军事科技的明珠，他们只需要一个卫星天线和一款在互联网上不到 30 美元就能买到的软件。美国军队对自己的军事优势深信不疑，显然没有考虑，尽管这是最基本的，采取预防措施，为他们的信息传输进行有效加密。以色列军方也在这方面疏忽大意。他们最近才发现，真主党在过去的十多年里，已经发展出截获以色列无人机视频录像的能力，这使得真主党掌握了很多信息，特别是以色列国防军（Tsahal）营地的位置，以便更好地伏击这些营地[8]。以色列在毫不知情的情况下，将武装监控的眼睛借给了敌人。游击战的经典原则之一，就是用敌方阵营的武器武装自己。这条原则对于武装设备的电磁部件也同样适用。

　　如果无人机发出的信号能轻易就被拦截，要想窃取指挥中心向无人机发送的数据流也不是无法想象的。未来的空中海盗都将是计算机高手：从远程破解密码，取得装备的控制权。《连线》杂志最近披露，一种计算机病毒入侵了克里奇空军基地的电脑，其中两台正用于操控无人机。[9]这是一种类似于"键盘记录器"（keylogger）的间谍软件，能够记录键盘击键，并将数据传给第三方，由此便能获得密码。这种威胁相对而言不算太严重，但我们完全能设想出更糟的情形。鉴于所有的计算机系统都是彼此关联的，无人机很容易受到计算机入侵的攻击。一支计算机化的军队更容易因为病毒而不是炸弹袭击陷入瘫痪。

　　让无人机彻底机器人化，自然就不用担心指挥中心的信息流被分流了，但这会造成另一种安全漏洞。无人机要确定坐标，仍然需要依赖 GPS 定位，也就是卫星数据，而这些数据是可以被篡改或操控的。2012 年 6 月，美国当局组织了一次测试，一组来自得克萨斯大学的研究人员演示了，通过这种偏差，无人机多么轻易就能被击落。研究团队利用区区几千美元材料组装起来的装置，向无人机发送了虚假的 GPS 信号："我们让无人机以为自己正在急速攀升。"[10]负责校准飞行高度的自动驾驶系统马上进行调整，让无人机掉头冲向地面。要不是有人及时干预，这架无人机就坠毁了。

　　无人机的弱点不仅在于技术，还在于政治战略。针对美国人津津乐道的"零伤亡"，两名中国战略家于 1999 年为美国的对手们，提供了一种快速、简洁且廉价的方式，用以击败这个世界第一强国："本该作为战士走上战场的美国大兵，现在成了战争中最昂贵的抵押品，珍贵得如同怕人打碎的瓷瓶。所有与美军交过锋的对手大概都已掌握了一个诀窍：如果你无法打败这支军队，那么你就去杀死它的士兵。"[11]武装部队的无人机化激化了这一战略缺陷。军人撤出战场，敌人的暴力就会转向更容易接近的目标。如果士兵遥不可及，那面前还有平民。正如一名美国军人所解释的："我们必须明白，一切让军队屏蔽掉敌方威胁的企图……都会导致'风险负担'的转移：这种负担不再由我们背负，而换成是由那些没有物质资源的人——也就是普通民众来承担。"[12] 矛盾的是，过度保护军事人员破坏了危险面前传统的社会分工，本应是士兵暴露在风险下而平民得到保护。但通过最大限度地保护军人生命，并将"安全区"作为其权力不可侵犯的标志，一个使用无人机的国家引导敌方报复的枪口对准了自己的人民。[13]

这种场景很有可能会发生，因为这种安全模式的可行性基于一个不太站得住脚的假设"不暴露弱点的力量投射"。它假设在国内能够建立起一个可以提供有效庇护的"安全区"[14]；危险、威胁和敌人能够被彻底隔绝在外部的危险区；它们绝对进不来。但边界从来不是密不透风的。要确保完全隔离一个全国性的"封闭社区"（gated community），围墙就永远不够高，屏障也永远不够牢固。

军用无人机是一种"低成本"的武器——至少与传统战斗机相比。长期以来，这都是军火业在政策制定者面前兜售的主要卖点之一。但矛盾之处在于这种武器的性质决定了它会大规模扩散。 116

弗朗西斯·福山在《历史的终结》之后在做什么？他在车库里废寝忘食地组装小型无人机，然后自豪地放到博客上进行展示。[15]"DIY 无人机"也就是自制无

人机，已成为指数型增长的亚文化中的一部分。就像
20世纪60年代的模型发烧友，如今有一小群业余爱好
者，用几百欧元购买或制作用于休闲娱乐的无人机。在
装备了微型摄影机后，这些无人机就能拍摄小型的野生
电影，有些还相当惊艳。我特别想到有一个片子，镜头
穿越了纽约上空，像鸟一样俯瞰布鲁克林大桥，掠过建
筑物在空中的轮廓线，最后滑过自由女神像的火炬。[16]
这足以证明瓦尔特·本雅明的观点是正确的，即今天被
用于取人性命的技术，可能终有一天能解放潜能，重拾
当初秘密激发它发明创意的、带有娱乐和审美态度的
愿景。

117 但如果无人机能够也必须非军事化，它也完全有可
能以极低的成本被改装成令人生畏的非常规武器。俄罗
斯研究专家尤金·米亚斯尼科夫（Eugene Miasnikov）
从业余无人机上看到了"类固醇作用下自杀式爆炸袭击
武器"的潜力：与炸药的携带者不同，一架业余无人机
可以轻而易举地"进入安全地带，危害到安全级别较高
的'绿色安全区域'，或进入体育馆这种人口密集的公
共空间"[17]。

2006年11月，美国军方的一份秘密报告显示，伊
拉克的叛乱分子正在使用一项新技术。携带炸药的自杀
式袭击者身上装上一个摄像头，就可以将爆炸现场的画

面传给上级。利用这种设备，"恐怖组织的另一名成员
就可以通过自杀式袭击者外套上的微型摄像头观察他的
行动，以确保袭击者接近了指定目标并引爆了炸弹。如
果袭击者没能按照要求行事，观察者可以通过远程遥控
装置引爆炸弹。"[18] 这相当于发明了人类无人机：一个人
携带远程装置，被他人遥控并能被随时引爆。讽刺的
是，敌对阵营的长官将通过他们士兵身上配置摄像头，
从监视器上观察到一个人正走过来，且举止可疑。接下 118
来突然出现在双方阵营屏幕上的雪花，证明他们的人已
经死了。而到了这个地步，想要继续完善袭击并降低炸
弹成本的话，只需将无人机化的袭击者用纯粹的无人机
代替。

II 精神与心理

1. 无人机与自杀式袭击者

在我看来，机器人是解决自杀式袭击的答案。

——巴特·埃弗雷特（Bart Everett）[1]

121   瓦尔特·本雅明曾对无人机进行过思考，20世纪30年代中期的军事思想家已经开始畅想无线电遥控飞机的可能。[2]瓦尔特·本雅明将无人机作为一个例证，证明了作为现代工业特征的"第二技术"（la seconde technique）与可以追溯到史前艺术的"第一技术"（la première technique）之间存在巨大差异。在他看来，两者之间并没有孰优孰劣或谁已经过时的差别，而是一种"趋势的不同"："第一种技术尽可能多地动用人力，而第二种却恰恰相反。第一种技术的壮举，某种程度上讲，正是人类的牺牲，而第二种则体现在通过无线电遥控的无人驾驶飞机上。"[3]

122   一面是牺牲，一面是竞技。一面是全情投入，一面是全面抽离。一面是活生生行动的独特性，一面是机械动作的无限重复："一次即永恒——是第一技术的座右铭（一次无可挽回的错误，一次牺牲造就的永世楷模）。

但一次即无效——才是第二技术的座右铭（这一技术的目的在于无休止地重复已有的经验）。"[4] 一边是自杀式袭击者，用爆炸一次性毁掉全部；而另一边是无人机，可以若无其事地重复发射导弹。

自杀式袭击要求战斗人员的身体和武器完全结合，而无人机则要确保两者的彻底分离。自杀式袭击者：我的身体就是武器。无人机：我的武器没有身体。前者意味着行动者的死亡。而后者则坚决杜绝死亡发生。自杀式袭击者的结局必死无疑，而无人机的驾驶员绝不可能死亡。从这种意义来讲，两种方式代表了应对死亡的两种极端。而介于两者之间，传统的战士则要面临死亡的威胁。我们常说的"自杀性爆炸"或者"自杀式袭击"有反义词吗？并没有一个专有名词来指代那些无需牺牲性命就完成的爆炸行动。因为他们不但不需要为了杀戮而死亡，而是不可能因此而死亡。

然而与本雅明提出的演化论观点相反，事实上自杀式袭击者和无人机，一种是自我牺牲的武器，一种是自我保全的武器，并没有时间上的线性承接关系，就像当代历史和史前史那样。相反，它们是作为两种截然相反的战术，在历史上同时出现并相互呼应的。

20 世纪 30 年代中期，美国无线电公司（RCA）的一名工程师阅读了一篇关于日本军队的文章，引发了他极大的担忧。他得知，日本已着手训练飞机驾驶员执行自杀性飞行任务＊。早在珍珠港事件的悲剧以惊人的方式发生之前，兹沃里金（Zworykin）就已经意识到了这一威胁的严重性："这种方式的有效性，当然，还有待证明，但如果在军队中推行这种心理训练是可能的，那由此产生的武器将前所未有的危险。由于我们很难指望在这个国家引进这样的方法，就应该利用我们的技术优势来解决这一问题。"[5] 当时美国已经拥有了"无线电遥控飞机"的原型，可以用作空中鱼雷。但问题在于这些遥控装备是瞎的：它们"一旦超出指挥基地的视觉控制范围，就全无用处了。而日本人显然找到了解决这一问题的方法"。他们的解决方案就是神风敢死队员：因为驾驶员有双眼，而且已经做好了受死的准备，他就可以驾驶飞机抵达目标。

　　但兹沃里金所在的美国无线电公司，也是电视领域的先驱之一。当然，也能从这里找到解决方案："要想让无线遥控的空中鱼雷几乎等同于一名自杀式飞行员，一种可能的方式就是给它装备一只电子眼。"[6] 这样操作员的视线就可以一直跟随直到看到目标，并用可视的无

＊　这就是历史上著名的神风敢死队，其日文名称 Kamikaze（神风）后来成为英文和法文中指代做出自杀式行动的人的专有名词。——译者注

线遥控装置将武器引导到弹着点。

由此一来，飞机的机舱里只留下了驾驶员的电子视网膜，而他的身体则被置于敌人防空部队无法企及的地方。兹沃里金发现的这套解决方法，将电视和遥控飞机结合在一起，在很久之后成了制造智能炸弹和武装无人机的方案。

兹沃里金见解的非凡之处在于，他在最初的理论表述中就表明了，无人机的前身是为了反自杀式袭击。不仅从逻辑上，即从它的定义上可以看出，更重要的是从战术层面也可以看出：这种武器在应对自杀式袭击的时候，既是它的解药也是它的翻版。无人机和自杀式袭击是面对同一问题时，两种截然相反的解决方式，而这个问题就是如何将炸弹带到目标前引爆。日本人诉诸他们自我牺牲的精神士气，而美国人则通过物质技术上的绝对优势去实现这一点。日军通过心理训练以及英雄主义的牺牲精神希望达到的目标，美军则纯粹以技术流程去实现。无人机的概念起源于生与死的伦理技术经济，在这种经济模式下技术力量取代了不可强求的牺牲。于是乎，一方面是勇敢的战士为了事业而随时准备献出自己的生命，而另一方面则仅仅是幽灵一般的机器。

如今我们看到敢死队和遥控武器之间的对立，自杀式爆炸袭击和幽灵轰炸的对抗。这种两极分化首先是经

125

济上的。在战斗中的对立双方，一方拥有资本和技术，另一方只有自己的身体。而两种物质和战术的体系也分属于两种不同的伦理体系——一种是自我牺牲的英雄伦理，一种是生命的自我保全伦理。

126　　无人机和自杀式袭击者站在道德观念的两个极端。两者好像分立在一面镜子的两边，既是彼此的对立面也是彼此的梦魇。这种差异当中，至少从表面来看，最关键的就是如何看待与死亡的关系，如何看待自己和他人的死亡、自我牺牲和自我保全、危险和勇气、弱点和毁灭之间的关系。你与死亡的关系还涉及两种不同的政治与情感经济，一种是你制造的死亡，一种是你要面对的死亡。同时也是两种对恐惧截然相反的看法，两种恐惧的视角。

《华盛顿邮报》的专栏作家理查德·科恩（Richard Cohen）曾对此提出他的看法："塔利班的战士们不但不珍惜生命，而且随意就将其挥霍在自杀式爆炸袭击上。很难想象一名美国人成为敢死队员。"[7] 他强调说，"美国人不会执行自杀式行动任务。我们不会赞美一个自杀式袭击者，也不会在电视摄像机前炫耀他或她的孩子，好让其他孩子嫉妒他们死了父母。这在我们看来太奇怪了。简直不寒而栗，令人作呕。"然后他又洋洋得意地加一句，"也许是因为我们太珍惜生命了"。[8]

这当中"奇怪""不寒而栗""令人作呕"的，是在

战斗中赴死的觉悟，以及事后的大肆吹捧。旧时因牺牲 127
而成为偶像的战士从神坛上跌落，落入敌人的魔掌，变
得面目可憎，全然沦为道德恐怖的化身。自我牺牲变得
匪夷所思且卑鄙下贱，人们立刻将其看成是对生命的亵
渎，而没有意识到这种行为首先是对死亡的蔑视，人们
认为它违反了热爱生命的伦理道德——而无人机无疑代
表了这种热爱的终极表达。作为一种极致的卖弄，我们
承认这个"我们"，如此珍惜生命，以至于有时未免做
得太过了。这种过度的爱原本是情有可原的，但太多的
自满背后未免让人嗅出自恋的气味。与科恩所说的正相
反，"我们"珍惜的只是我们自己的性命，而不是一般
意义上的生命。如果说一名美国的自杀式炸弹袭击者令
人不可思议，难以想象，那是因为这将是一个自相矛盾
的说法。在这里，生命当然不能否定自己。理由很充
分：它只能否定别人的生命。

　　一名记者曾询问"巴勒斯坦人是不是真的不关心人
的生命，即使是自己亲人的生命"，加沙的心理健康项
目主任艾亚德·艾尔－萨拉杰（Eyad El-Sarraj）如此回
答："如果你们不相信敌人有人性，又怎么能相信自己
有人性呢？"[9]

　　同样是以恐怖来对付恐怖，为什么与受害者同归 128
于尽，比不丢掉性命的杀戮更加恐怖呢？为什么一种让

杀戮变得毫无风险的武器就不那么令人反感呢？杰奎琳·罗丝（Jacqueline Rose）为以下事实感到惊讶，"从空中发射集束炸弹不但不令人反感，而且在西方领导人看来还具有道德优越性"，她质问："为什么与受害者同归于尽就是十恶不赦的罪过，但杀人不沾血就不算呢？这点让人迷惑。"[10] 休·盖斯特森（Hugh Gusterson）补充道："'来自火星的人类学家'可能会注意到，在中东很多人看待美国无人机轰炸的方式，和理查德·科恩看待自杀式袭击的方式如出一辙。无人机轰炸被普遍认为是一种懦夫的行为，因为无人机的驾驶员可以在战场上杀人，但自己躲在内华达装有空调的安全庇护所里，绝不会被他攻击的人击杀。"[11]

　　塔拉尔·阿萨德（Talal Asad）认为自杀式爆炸袭击在"西方"社会引起的恐慌，源自自杀式袭击者的行动从原则上排除了一切报复性正义的可能性：与受害者们同归于尽的同时，犯罪与惩罚合二为一，再无可能对他进行惩治，也就使以刑罚模式为根本的司法正义无法得到伸张[12]。他永远不能"为他所做的付出代价"。

　　想到自己的死亡被无人驾驶的机器所支配，并由此而产生恐惧，与一种情形非常相似："无人机的操作员，"盖斯特森补充道，"就是自杀式袭击者的镜像，他也偏离了战斗的典型模式，尽管是冲一个完全相反的方向"。[13]

死神在战斗（1555 年）[14]

2.“逆我者亡”

你可以跑，但你只会死得很累。

——致敬“捕食者”无人机的 T 恤衫

131 一位军事作家曾在 20 世纪初，就第一批军用潜水艇船员们的精神状态做出这样的描述，在那个时代，还没有声呐设备，海面上的海军完全无法知晓潜水艇的存在：“他们所向披靡。战争对于他们而言就是一场游戏、一项运动、一次狩猎，在布置和执行杀人行动后，他们只需要欣赏眼前受害者们痛苦挣扎的情景。与此同时，他们免于承受任何打击，一旦回到港口，就忙着向别人讲述自己狩猎的战果。”[1]

通过新兴的手段，这种所向披靡的感觉对于无人机的操作员而言更加强烈。如今就像当初一样，这种在死
132 亡面前极端失衡的局面，重新定义了敌对关系的结构，甚至改变了“发动战争”本身的含义。这是另一种模式的“暴力状态”，与战斗模式完全不相同。它演变成一种屠宰和一种狩猎。我们不再与敌人战斗，而是像射杀兔子一样消灭他们。

16世纪，一本有关死神形象的书上，画了一个拿着武器的战士与一具骷髅——也就是死神本身在战斗的场景：这是一个荒谬的战斗寓言，一场预先输掉的徒劳斗争，因为死神本身是永恒的。时间站在死神一边，而与死神对抗的战士，眼睛里已经空空如也。

死神无人机的徽章，"收割者"

如今，无人机的操作员非常乐意接手这一经典形象。"MQ-9死神"无人机的徽章上正中是收割者－死神本人，带着令人不安的笑容，镰刀上有鲜血滴下来，下面是一行格言"逆我者亡"。

这绝非史无前例。每一次当交战双方之间存在经济差距，如伏尔泰所言，"富有的一方便在战争中所向披靡"[2]，战争便沦为单方面的屠杀。当一个阵营具备了武器装备上的压倒性优势，将变得几乎无可触及，而生命与死亡也在战场上分别选定了自己将处的位置，

但每当这种情况发生，都有一些当代人感到不安，随即便是愤怒，因为他们眼前的武装暴力，如此赤裸裸地违背了"传统观念下，战争应当是一种人类交换死亡与杀戮的行为"[3]。只要这些人过于公开地表达自己的反对意见，我们总是可以一种非常古老的话语策略来安慰这些人被惊扰的良心，平息那些最尖锐的反驳：发表关于历史延续不变的安慰性言论。我们试图通过大量的历史案例来证明，这种情况在根本上不是全新的，因此是完全可以被接受的。

在一篇名为《为无人机正名：一种历史观点》的文章里，大卫·贝尔（David Bell）指责批评者们将这种武器"视为全新的，一种科幻小说中幻想成为现实的东西"，他重申"如果说我们现今的技术是新的，那想要在完全安全的情况下远程消灭敌人的愿望则不是新的"[4]。这倒是没错，但为什么这种"历史的"重申有助于"为无人机正名"，却令人感到迷惑。

因为贝尔本可以补充说，"在完全安全的情况下远程消灭敌人的愿望"曾在光辉的殖民战争时期得到了完

美的诠释，当时殖民地的土著尸横遍野，而白人的军队几乎毫发无伤。1898 年 9 月 2 日，在苏丹恩图曼战役发生的当晚，基钦纳（Kitchener）领导的英埃军队共有 48 人阵亡，而当晚有近 10 000 名伊斯兰修道僧被马克沁机枪的子弹扫射击穿。我们还可以举出很多这样的例子。

如今无人机的运用就延续了这种"不对称的战争"，用火枪或机枪对付长矛或老式的步枪，这些"微小战争"已经不再英勇壮烈，甚至不再是崇高意义上真正的"战争"，那种西方人向往的由希腊人赋予这个词汇的含义。这样的战争只能在平等双方之间展开，而不仅仅在于制服弱势的一方。正如荣格尔所说："关于战争的法律和公约，历来存在两种形式，一种优越，一种野蛮……中世纪，基督徒的舰队只能在遇到土耳其船只时才能发射炙热发红的炮弹。到了 20 世纪，欧洲战区禁止使用的达姆弹被运用于殖民战争，借口说只是裹着铅衣的子弹无法阻止'野蛮人'的进攻。"[5]

然而利用历史先例为当代改头换面后再现的事物背书，本身就很奇怪。这一论证的潜台词正是"太阳底下没有新鲜事"。其作用就是通过引证一段被看作是法律先例的往事，来平息如今纷乱的局面。但这种利用历史抚慰现实的做法，实际上践踏了历史延续性真正的意

义。正如塔拉尔·阿萨德解释的，这实际上是两套不同
的概念，一方面"由于不平等杀戮对心理造成的影响，
在漫长的历史传统面前被减轻了，根据这一传统，在军
事和种族上处于劣势的民众在战斗中，伤亡数量要比优
势一方要惨重得多"，而另一方面，"有关新军事技术的
著作越来越多，却很少关心这种新型战争与早前殖民战
争之间的延续性"[6]。殖民暴力的幽灵被悄无声息地召唤
出来，用来与当下暴力进行对比，将当下暴力置于过
去传统平静的延续中；但与此同时殖民暴力也被掩盖起
来，人们故意忽略了这种传统实际的本质为何。无人机
是一种失忆的后殖民暴力武器。

3. 战斗精神的危机

> 技术进步，让人们可以希冀安全无风险的杀戮，但也可能使我们忘记士兵所需要的最重要的品质是对死亡的蔑视。
>
> ——布切里队长，《军事旁观者》，1914年4月[1]

盖吉兹（Gygès）是吕底亚的一个牧羊人，他意外在一片崎岖地面的坑洼处发现一具裸露的巨人尸体，尸体上有一只可以让他隐形的金指环。凭借他的新力量，他得以躲过人类的目光，不断累积罪行，杀了国王并夺取了王冠。他的对手既不能避免他的攻击，也无法加以防御。隐形的能力让他所向披靡。由于他行动时没有目击者，还确保了他不受惩罚。

《理想国》只是提出一种思想实验，而无人机则从技术上实现了它。考虑到目前的情况，卡格（Kagg）和克雷普斯（Kreps）写道："遥控机械无需为它们的行为承担后果，而操作这些机器的人类又相距甚远，因此盖吉兹的神话在今天更像是反恐主义，而不是恐怖主义的寓言。"[2] 摆脱了相互关系的制约，无人机的主人们还能以美德行事，在不受惩罚的情况下抵御住不公正的诱惑吗？这个问题就让我们回到道德风险的话题上。

但还有另一种提出问题的方式。如果"不将自己的力量化作美德，最强者也无法永远做主人"的说法[3]是正确的话，那我们就可以问：现代的盖吉兹们需要怎样的美德呢？或者换一种问法，不是问：隐形人能否具备德性？而是问：如果他坚持要称自己有德性，并自以为如此，自视为德行兼备，那他需要对美德进行怎样的重新定义？

传统的军事道德包含一些基本的美德：勇气、牺牲、英雄主义……这些"美德"具有明确的意识形态功能。让屠杀变得可以被接受——甚至光荣。而将军们对此毫不掩饰："我们必须想办法让人们赴死，否则就无法发动战争；方法我了解；它就蕴藏在牺牲精神中，而不是其他地方。"[4]

在这些概念中，"准备赴死"的心态是取得胜利的重要因素之一，也是克劳塞维茨（Clausewitz）所谓"精神力量"的核心。这边是不可逾越的界限："我们决不能忘记，我们的使命就是杀人和被杀。我们决不能在这个事实面前闭上眼睛。发动一场只能杀戮而不被杀的战争根本就是一场空想；发动一场只能被杀而无反手之力的战争，则愚蠢至极。因此我们必须了解如何杀敌，并随时准备牺牲自己。一心向死的人令人胆颤。"[5] 按照经典哲学的理想，战争应当是卓越的道德行为：战斗，就是学习死亡。

但这里还有一个问题："怎样解释战争中提倡勇敢牺牲呢？岂非与'保存自己'相矛盾？"毛泽东曾这样问道。不，他接着自己回到了这个问题，"不相矛盾，是相反相成的。战争是流血的政治，是要付代价的，有时是极大的代价。部分的暂时的牺牲（不保存），为了全体的永久的保存。"[6] 就是在这种保存与毁灭之间的辩证关系确立了牺牲的价值，这种行为被认定是英勇的，是因为部分的无私奉献造就了全体的延续。黑格尔也主张，文明人"真正的勇气"不单纯表现在对死亡的蔑视上，而且在于个体"愿意为国家牺牲自己的生命"[7]。

但如果这一切从此不再有必要了，事情又会变得如何？当杀敌的同时无需自损时，关于牺牲的辩证法必然会消解为单纯的自我保存。如此一来，英雄主义和与之相伴的勇气，也便消失殆尽。

这一判断毫无新意：我们早在二十多年前就已经进入一个"无美德战争"（vitureless war）[8] 时代，或者说"后英雄主义"[9] 时代。如果这里或那里还残存着英雄史诗的遗味，那不过是陈旧的怀旧情绪，以及加速分解的意识形态残余。在彻底被埋葬之前，这些旧时的价值观尽管面临被淘汰的打击，却也拼命负隅顽抗。只要保住了上层建筑，就能引起麻烦，通过其惰性放慢动摇其基础的底层结构的发展速度。

141　　从传统价值的角度来看，当下的问题在于，通过无人机摧毁敌人的同时自己可以毫发无伤，这被看作懦弱和耻辱至极。实施战争的技术现实和延续下来的意识形态之间形成了巨大的矛盾，连武装部队人员都感同身受。这就导致了新式武器与旧有框架之间的冲突，这种框架虽然过时了，但仍有影响力，于是便造成了战斗精神的危机。

其最显著的证据就是，有关无人机最恶毒的评论最初并不是来自那些不屈不挠的和平主义者，而是空军飞行员以保卫他们传统的英勇无畏的战斗精神为名提出来的。[10] 今天，这些被废黜的空中骑士，是一个衰落的军事阶层最后的代表，他们一边弹着吉他，一边唱着抨击机械竞争对手的歌。一支名叫"多斯·格林戈斯"（Dos Gringos）的乐队，是"两名战斗机飞行员组成的二重唱，复兴了传统的飞行员之歌"，他们创作了下面这首安魂曲：

他们击下捕食者

我又少了一个机会

他们击落了捕食者

让我满心欢悦

......

他们击下捕食者

我很好奇

失去带轮玩具的操作员此时作何感想

大概感到如此无助

就像被棍棒打出血的海豹宝宝。[11]

142

　　尽管飞行员们英勇无畏，但他们还是输了。"壮志凌云（Top Gun）"* 已死，"独行侠"（Maverick）中尉早已知道，坐在弹射座椅上的自己，正不可避免地逐渐退化成另一类人物形象，一种越来越难以引起人们崇拜的形象。

　　"无人飞机"（avion sans équipage）这个词汇，无法完全翻译成英语"unmanned aerial vehicle"这一表达。"unmanned"一词从各种含义上都蕴含了危险的意味——字面上来说一方面有"非人的"意思，同时也有"去势的"，甚至"被阉割的"含义。这也是为什么空军将领一开始非常抗拒无人机的普及化，他们的工作、职业资历和机构地位自然是受到了威胁，但更重要的是，

---

*　Top Gun，直译是顶级武器，其实是美国海军武器学校（United States Navy Fighter Weapons School）在美国海军官兵口中的昵称。电影 *Top Gun* 被译作《壮志凌云》，由汤姆·克鲁斯主演独行侠中尉。——译者

无人机的普及从根本上削夺了他们的男子气概，而男子气概主要是通过冒险来表现的。[12]

我们刚才听到的是战士英雄主义的绝唱，但我们不得不承认，早在无人机给他们当面一拳之前，这一精神就已经奄奄一息了。瓦尔特·本雅明在他的时代就曾讽刺过反动思想家们对帝国主义战争中的"英雄主义"进行虚幻和自相矛盾的颂扬："他们没有发现，在这场物质战争中被他们认为是存在最高启示的东西，令世界大战中这里或那里幸存下来的英雄主义的可怜象征，全都失格了。"[13] 所以当勒特韦克（Luttwak）为这种坚持主张任何国家的士兵都不应该在外部干预中被置于危险境地的当代战争贴上"后英雄主义"的标签时，我们有理由问自己一个问题：在宣称英雄主义时代终结之前，"我们"是否曾做过英雄。无论如何，讲求牺牲的英雄主义在今天作为一种糟糕的理想被公然否定，作为一种官方价值被迅速摈弃。我们必须摆脱这一价值，并寻找可以将其替代的其他的战士美德。

如果说无人机是合乎道德的，那首先是因为它消除了任何使我方损失惨重的可能性。这一观点最近在英国发布的一份报告中得到总结：鉴于"无人飞机防止了潜在的机组人员死亡，其本身在道德上便是自洽的"[14]。只需将这种关于无人机德性的论点与经典的军事美德箴言

相对比，就会发现无人机旨在保全士兵不去送死，而传 144
统的军事美德弘扬的却是完全相反的价值，其在价值领
域的革命便不言而喻。

当然保存部队力量，并避免不必要的伤亡本身并
不是什么新鲜事，也没什么特殊的。"蔑视死亡"在传
统的战斗精神中，也绝不是让人不要努力保全自己的生
命。这里的特性指的是保全自己士兵的生命是绝对的国
家义务，不允许出现任何牺牲。一个让士兵生命暴露在
危险下的军队是坏的，但一个不惜一切保护士兵生命
的军队就是好的。让我方军人暴露在风险下应当受到谴
责，但无风险的杀戮却值得被称赞。为国捐躯当然是好
的，但为国杀敌，并且无需搭上付出生命的沉重代价，
就更好了。

我们眼下正在目睹官方道德从一种向另一种的逐步
转变：一种有关牺牲和勇气的道德观，逐渐转变为一种
自我保全和或多或少被认为是懦弱的道德观。在这种价
值观的大逆转中，我们必须将曾经热爱过的东西踩在脚
下，对昨天还奉为圭臬的言语嗤之以鼻。之前所谓的懦
弱变成了勇敢，之前所谓的谋杀变成了战斗，之前所谓 145
的牺牲精神，由于成为绝境中必死无疑的敌人的特权，
成为被厌恶的对象。卑鄙被树立为伟大。从这种意义上
讲，我们眼前这一出与其说是"无美德战争"的奇观，

不如说是对战士美德大规模的重新定义。

但武装暴力真的可以没有鼓舞士气的英雄主义吗？像一剂药物，要戒除它十分困难。而解决方式就是在放弃这种药物的同时，寻求其他替代品来维持药效。而在这种情况下：就需要保留词语本身，但更换它的意义。

2012 年 9 月，五角大楼考虑为无人机操作员颁发军事勋章。[15] 但问题在于如何判断哪些人值得授勋，因为这一勋章是为了表彰战斗中的英勇行为。但话又说回来，什么是英勇行为？这一切都取决于我们对它的定义。让我们来问问今天的拉黑斯（Lachès）和尼西阿斯（Nicias）吧。

无人机驾驶员艾瑞克·马修森（Eric Mathewson）上校做出了他的个人解释："英勇在我看来，并不是要冒上生命危险。英勇行为是指做正确的事。与你的动机和要达成的目的有关。是由正确的理由出发做正确的事。这在我看来就是英勇。"[16] 出于这种离题、语义重复、以目的来诡辩为手段正名的"定义"，我们只能说在这点上我们并未取得太多进展。

卢瑟·特纳（Luther Turner），一名驾驶过战斗机，并在退伍前驾驶过无人机的退役上校，给出了另一个定义，让我们有了一些更清楚的理解："我坚定地认为驾驶无人机是需要勇气的，特别是当你被命令要杀死某人时。

在某些情况下，你要看着事件通过彩色的直播发生。"[17]

杀人是需要勇气的。这种说法事实上是在说，杀戮和目睹杀戮是与某种勇气联系在一起的。一个人必须努力克服最初在杀人和目睹杀人时的恶心感，也许特别是在自己杀人的时候。如果我们总结一下两名无人机驾驶员的说辞，会得出一个结论：如果我们出于职责，并打着更崇高、更善良和更公平的名义，做一件一开始看上去很恶心也没价值的事情，就是勇敢的。换种说法就是，勇敢就是敢于干脏活儿。[18]

很多人抵制这种对词汇的曲解，谴责奥威尔式的扭曲词义，这种在军事新语＊中被称作"勇敢"的行为——杀人不犯险——在几世纪以来都被称作怯懦或无耻，而对这种抵制的回应是："我认为驾驶员并不是'真正'安全的。《连线》杂志和美国国家公共电台（NPR）报道说，驾驶员们在家庭生活中承受着高度的压力和创伤后应激障碍（PTSD）。士兵们在人身威胁和死亡面前是安全的，但在心理伤害方面却并非如此。"[19]

创伤后应激障碍的问题，我们会在下一章进行讨论，但这里提到另外一个重要的观点，补充并延续了前

147

＊ 新语是《1984》中奥威尔发明的一种语言，大洋国的统治者以此来限制词汇量从而达到控制思想的目的。——译者注。

面一个观点：如果无人机操作员不是传统意义上的"勇敢"，把身家性命置于战斗的风险中，那他们相反是间接地将自己的精神生活暴露于风险下。他们在行动中受到威胁的不是他们的肉体，而是心理健康。我们面对的是一种特殊形式的勇敢，它不再被定义为将自己的身体弱点暴露在敌人的暴力之下，而是将自己的心理弱点暴露在自己制造的毁灭性影响下。

148　　　这种重新定义通过将牺牲的对象从肉体转移到精神上，让无人机操作员得以重拾失去的英雄气概。于是人们发明出一种新的军事美德潮流，那就是纯粹的精神英雄主义。

　　"吃军饷的人（l'homme soldé），也就是士兵（soldat），是一个光荣的穷鬼、受害者及刽子手"，维尼（Vigny）曾这样写道。[20] 士兵是暴力的实施者也是承受者，既是刽子手也是受害者。那如果他连承受暴力的可能性都没有了，会发生什么呢？答案是致命的：他就是一个单纯的刽子手了。所以为了继续被称为士兵，他必须在某些方面成为受害者。而难处在于是什么的受害者呢？那只有一种可能了：成为刽子手时要承受的心理伤害的受害者。只有如此，他才能罔顾各种证据，在自己眼中也在社会面前，继续扮演战士的角色。

　　但关于施暴者的心理弱点的讨论缘何而来？它的谱

系为何？历史上，它出现于二十世纪初，作为对 1914 年到 1918 年大屠杀的一种反应，出现在和平主义者和女权主义者的演讲中，作为批判军事机构的核心理由：军队迫使士兵犯下暴行，致其发疯和精神崩溃，使他们遭受精神蹂躏和创伤。简·亚当斯（Jane Addams）在 1915 年海牙举行的国际妇女大会上发表了题为《反抗战争》的讲话阐述了这一重要主题。她引用一名护士的证词，讲述了士兵被噩梦缠身，"神志不清的士兵……一次又一次地被幻觉折磨——他们看到自己刚刚杀了人，从他们身上拔出刺刀"。[21] 亚当斯还从同样的角度，讲述了曾拒绝开枪的士兵情况。"我逃离了要杀人的恐怖"，其中一个说道。[22] 她还描述了，军队如何在进攻前分发兴奋剂，试图打消士兵对杀戮的抗拒，从而"抑制这类型人的敏感度"[23]，让他们可以大开杀戒。最初这种关于士兵被迫行使暴力并成为其受害者的论述，旨在对造成这种罪过的机构展开直接批评。但这一反军事主义的论述如今却被修正之后重新加以利用，以证明无人机凶杀的合法性。因为正是这一论述反过来，让无人机操作员在公众面前重新树立起自己的光辉形象。这种对士兵精神伤害的阐述，曾是用来质疑国家暴力强迫征兵的证据，如今却被用来为暗淡无光的单方面暴力行为，增添道德和英雄主义的光彩。

4. 无人机的精神病理学

在战争的神经症中，最令人害怕的恰恰是来自内心的敌人。

——弗洛伊德[1]

　　"无人机驾驶员的创伤"已经成为各家媒体报道中的共同话题。这一话题的广泛传播始于 2008 年美联社的一篇快讯："遥控装置的战士们承受着来自远程战斗的压力：捕食者无人机操作员可能蒙受心理创伤，一如他们在战场上切身参加战斗的同志。"[2]尽管引言博人眼球，但文章剩下的部分却没有任何论述对主旨加以佐证。恰恰相反，正因为记者报道了多名无人机操作员的采访内容，而"他们当中没有任何人受到执行任务带来的特别困扰"[3]。我们会发现，大多数新闻在报道这个问题时都采用了相同的方法——先隐晦地宣布，接着又含糊地予以否认。

　　这些大标题的新闻报道，惹得不少美国大兵在网络军事论坛上毫不犹豫地发泄他们的蔑视和愤怒："这就是一群该死的爱哭鬼……要是承受不了白天坐在空调拖车里、每天晚上都能回家的压力，就让他们滚，换别人上。"[4] 或者换种类似的说法,"这些计算机的呆子们跑来跟我们哭鼻子,说什么'战斗疲劳',什么'创伤后应激障碍',真是让人不屑……他们甚至不会被现场的枪支击中。这对于那些真正在战场上进行部署,真正要挨枪子儿,真正要应对战争心理影响的人而言,是莫大的侮辱。"[5]

那些自封为"传统"大兵发言人的人们,以远离那帮被他们视为懦夫的人为荣,同时间接地阐明了这一媒体宣传的话题在辩论中扮演的角色。话题的重点在于假设无人机操作员需要承受心理创伤,这样他们就与传统的士兵有了共同的精神弱点(战士需要承受战斗带来的压力,而无人机操作员也要承受战斗压力,因此无人机操作员也是战士),同时他们作为武装暴力的施暴者得以被人性化(除去他们武器的技术性,他们并不是冷血杀手)。

对无人机操作员心理折磨的强调,也打破了所谓"PlayStation 心态"的说法,按照这种说法,屏幕上的杀人装置会导致谋杀意识的虚拟化。因为曾经有一段时间,无人机还没有成为美国媒体日常争论的话题,无人机驾驶员还能用称得上坦率的方式回答向他们提出的问题。通过屏幕杀人是怎样的感觉?以下是一些简短的答案集合:

哦，这绝对是一种玩家的乐趣。[6]

这就好像你在玩《文明》的电脑游戏，在战斗中指挥作战单元和军队。[7]

这就像是电子游戏。可能有点儿血腥，但酷毙了，该死的。[8]

在经历过这样的公共关系灾难后，媒体专员们肯定在事后纠正了发言的方向，并通报了所属部队，因为这样的言论后来再也没在采访中出现过。反之，在2012年的时候，一名《纽约时报》的记者参观了一个无人机基地后指出，"驾驶员们不止一次告诉我，有点儿申辩的意味，'我们在这里可不是玩电子游戏'。"[9]

"Airforce-Technology"是一个与国防工业相关的信息网站，网站是这样解释这种言论转变的："起初人们以为，无人机操作员在面对自己的行为时，可以比战场上的人们更加超然，但如今看来事实恰恰相反。一些分析人士认为，无人机操作员或许由于过分在意自己的行为，所承受的战斗压力甚至比在阿富汗部署的一些部队还要大。"[10]这种说法不但能自圆其说，还能颠倒黑白。无人机的操作员在实施过毫无现实感的谋杀后，所受的影响如此之深，以至于我们不禁要问一个严肃的问题，这背后真正的原因难道不是他们"太过在意"受害者了吗？

也就是说，倘若他们杀人后毫无感觉，那在道德上是说不通的。但如果他们带着敏感性，或者更甚，带着"关心"去杀人的话，他们就能在我们的祝福下继续这么做。矛盾的是，这种在意和关心，以及对受害者臆想出来的同情，反倒为无人机杀戮进行了公开平反。同情在这里造成的反转与上述的精神弱点如出一辙。传统上来说，对敌人的同情往往意味着对杀戮产生抗拒，并可能以此为前提拒绝杀人，但通过上述理论，我们得以利用同情心为机械化的杀人工具披上人性的外衣。面对这场将伦理道德作为工具服务于军事目的的浩大行动，另一种形象跃然纸上：那就是鳄鱼，它只是为了更好地吞下猎物才会流下眼泪。

但在媒体描绘的图景中，有一处暗影：那就是有关无人机驾驶员遭受心理创伤的说法，没有任何真凭实据。军事心理学家赫尔南多·奥尔特加（Hernando Ortega）最近就这一问题展开了广泛研究。他对无人机操作员进行了多种心理测试，以确定他们的心理压力水平，并检测他们潜在的创伤后应激障碍症状。他的结论非常清晰：我们发现尽管很多人表现出"与团队合作相关的睡眠障碍"，但没有任何驾驶员被诊断出创伤后应激障碍："我想我们只发现一个探测器的操作员，可能患有创伤后应激障碍——但一个能说明问题吗？……这次研究的主要发现就是，与大众普遍接受的想法不同，目睹战斗绝不是给这些人造成压力的最大原因。"[11] 反之，"是团队合作、工作时间变动，这些才是造成压力的最大因素……一天又一天在同一件事上保持警惕是一件非常无聊的工作。这挺糟糕的。还要维持他们与家人的关系——根据他们的说法，这种事情也让他们倍感压力。如果你仔细分析他们的话，他们不会说这是因为我在战斗；也不会说这是因为他们不得不炸掉一座大楼，也不会说这是因为有人被炸得粉身碎骨。这些都不是他们的压力来源，至少在主观上他们这么认为。他们压力源自其他的一切，比如他们每个人都抱怨了生活质量的问题。如果你问起值夜班的护士，或者任何需要团队协作的员工，他们都会抱怨同样的事情。"[12] 战争变成了有时差的远程办公，其代理人表现出的症状都与此相关。

此外，"他们还表现出某种存在主义的冲突。这似乎更像是一种罪恶感：我是否做出了正确的决定？……因此出现了许多事后的质疑，与传统意义上的创伤后应激障碍的症状形成鲜明对比，后者与身体上的威胁紧密相关……这更多是一种负罪感，这些人亲眼目睹了战斗的进行，并且事无巨细尽收眼底。"[13]

但军事心理学家提到的"负罪感"不是他研究的对象。这超出了他的能力范围。从理论层面来讲，它被归入"存在主义"的范畴，超出了心理学研究的框架。从实践层面来讲，罪恶感的问题由无人机基地招募的随军牧师负责，他们专事解决此类精神折磨。[14]谋杀就是此类精神问题。因此，媒体的炒作是毫无根据的。军事心理学家没有找到任何创伤后应激障碍的症状。更确切地说，他们是不可能找到任何症状的，原因很简单，那就是这些症状没有对应的疾病分类。让我们翻开心理学家的圣经——《精神障碍诊断与统计手册》（DSM）[15]。什么是创伤后应激障碍（PTSD）？手册告诉我们，患有这种综合征的病人曾暴露在"极端的创伤压力源下，并亲身经历了意味着死亡、死亡威胁或对人身安全造成严重伤害或其他威胁的事件"。[16]从定义上讲，无人机驾驶员被排除在了这种情形之外：他的人身安全没有受到威胁。也许我们可以说，无人机操作员"亲眼目睹了意味着死亡、死亡威胁或对人身安全造成严重伤害或其他威胁的事件"[17]，但事实上，他们远不是单纯的目击者：而是造成这种死亡、伤害和威胁的罪魁祸首。现有的疾病类别不能明确地适用于无人机操作员的经验。无人机再次因其不适用性打乱了现有的分类。至于另一个

158

更广泛的概念"战斗压力"——它的产生被定义为"源于暴露在与战斗相同条件的军事行动中导致身体伤害或疾病",或者产生在"战争之外,其他与战斗条件接近的行动中……行动区域要求持续行动并呈现出巨大危险"[18]——除非我们决心改变这些词语的定义,否则我们也不清楚怎么能让它适用于无人机操作员。

军事心理学家们根本没必要花费时间和金钱进行耗时又昂贵的调查,来研究如此定义的病理学是否适用于无人机操作员。因为从病理的定义上来说是不可能的:因为按照现有的病理学分类,无人机技术从根本上排除了或从实质上改变了唯一一能导致压力形成的因素。

为了更清楚地说明这一点,重新阅读一些心理分析的文献往往是有帮助的。第一次世界大战后,国际上召开了一次关于战争神经症的会议,聚集了当时大多数有名的学者,卡尔·亚伯拉罕(Karl Abraham)在士兵的问题上,提到了以下重要观点:"这些人在战场上不但被要求必须忍受危险的境遇——也就是说他们必须是完全被动的——人们却很少注意到对他们还有另外一个要求。那就是随时准备好发动进攻。他们不但要做好受死的准备,还要做好杀戮的准备。"[19] 亚伯拉罕对一种士兵患者的病例尤其感兴趣,在这些患者看来"杀戮带来的焦虑与死亡如出一辙"[20]。那接下来问题就变成了:杀戮并成为一名杀手，会威胁甚至杀死主体本身吗？弗洛伊德撰写了会议记录的前言，为这个问题提供了一个答案："在战争神经症中，最令人害怕的恰恰是来自内心的敌人。"[21] 暴力主体在战争过程中,发现在自己的内部生出一个新的自我，就像一个寄生虫，一个焦虑的复本，一个"战争的自我"。威胁不是来自外部而是来自内部，这个新出现的自我威胁到了之前"和平的自我"。战争神经症就是对这种内在冲突的应对机制：企图用病态的方式寻求解决方法。[22]

160

与我们时代更接近的心理学家雷切尔·麦克奈尔（Rachel MacNair）认为，创伤后应激障碍（PTSD）的现有概念过于狭窄，应当将其定义扩充为"行凶诱发的创伤性压力"（PITS：Perpetration-Induced Traumatic Stress）[23]。她注意到最近的文献资料几乎完全集中在因外力作用而蒙受创伤的被动受害者身上，于是她试图分离出造成焦虑的主动因素，也就是患者曾经是施暴者的事实，他曾是一名行凶者。要从士兵的复杂经历中分离出这一特定因素十分困难，于是麦克奈尔转而研究起纯粹的行凶案例，比如刽子手的噩梦，梦中他们被死刑犯最后时刻的影像所纠缠。她在书中没有提到无人机操作员，那是因为她的书出版得太早了；但无人机驾驶员的例子似乎是检验麦克奈尔理论的绝佳候选：因为它属于纯粹的行凶，在实施武装暴力时是完全主动的，而施暴者规避了一切重大威胁。如果我们想要阐明无人机操作员所遭受的创伤及引发的争论，就应当用实证的方法去检验"PITS"这种新的病理学现象。

新型远程暴力技术的飞速发展势必将重新调整西方社会对战争经验的心理–伦理问题的研究模式。最初的端倪已经显现。在一个拥有大量无人机武装部队的国家，我们不可避免地需要改变研究方向，研究对象从承受暴力造成的精神创伤转变为实施暴力造成的心理损害。继而发展出供刽子手们就诊的诊所，为杀人犯们提供心理治疗，以减轻他们的痛苦。

当下我们面临两种有关无人机驾驶员精神生活的假设：这种武器是制造了麻木不仁的杀手，还是被罪恶感折磨，以至于可能产生神经官能症的精神病患。事实上，个体的真相一定处在这两极之间。至于这两种选择哪种更令人羡慕，则仍是一个开放性的问题……

5. 远程杀戮

亲爱的，你似乎离我千里之外……

——抱歉。还没到那么远。你知道的，有时候，不停地切换状态、来来回回很困难。

就像同一时间生活在两个地方。两个平行的宇宙……

——一名无人机驾驶员的生活记述，2010 年 [1]

哈伦·法罗基（Harun Farocki）指出，军事视觉技术很少生成描绘性的图像，更多是"'操作性的图像'，也就是它们不代表一个事物，而是一项行动的一部分"[2]。视觉在这里等同于瞄准：我们不是为了看清那些事物，而是为了对其采取行动，为了瞄准它们。眼睛被当作武器来使用。[3]

连接两者的就是屏幕上的图像，而这种图像也一样，更多是一种操作性的具象，而不是一种具体形象的表现。我们可以点击鼠标，而点击的那一瞬间，就有人丧命了。杀戮行径在这种情况下将被简化到这种程度：将指示标或小箭头放置在"可付诸行动的图像"[4]

上面，敌人先前有血有肉的身躯就被图像上的小人形象代替了。

这让人想到过去一种叫"扎小人"的手法，"将钉子或者针扎入一个人的蜡像，对他施加巫术，起初这种巫术很可能是将针或钉子直接扎入一个人的身体……；但这种操作一定是会带来了很多不便和危险，于是人们就发明了一种更加简单、安全的方法：用蜡制的'替身'代替有血有肉的人体。这种操作在拉丁语中被称为降神术(*defixio*)"[5]。这种关于蜡像起源的假说未免有些异想天开，但却引人思考。在无人机操作员运用的词汇中，用来指代瞄准的比喻让人不安地想到这种古老的巫术："别住"(to *pinpoint*)，"按住"(to *nail*)……曾经的巫术实践如今摇身一变成为一种高科技程序。但巫术本身却似乎并未消失。

退伍军人兼心理学家戴夫·格罗斯曼（Dave Grossman）提出一套厌恶杀戮的心理理论。当杀手离人类目标越近的时候，他要克服的初始阻力就越大；反之，当他离目标越远时，采取行动的难度就越小。基于这一假设，他构建了下面这张不同类型武器引发不同心理的图表。

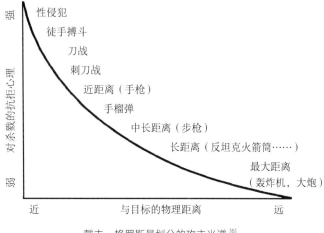

戴夫·格罗斯曼划分的攻击光谱 [6]

　　在最大距离的情况下，当士兵们看不到受害者时，格罗斯曼写道，他们"可以认为杀戮的对象不是人类"[7]。这就是为什么，轰炸机驾驶员即使杀害了成千上万的平民，也不会为此感到一丁点儿懊悔。[8] 随着距离的缩短，在精神上进行否认的可能性大大减小："在近距战中，杀人的阻力会非常大。当我们与敌人四目相对时，我们会清楚地知道对方年轻或年老，恐惧或愤怒，我们也就不再能否认，即将被杀的那个人和自己是一样的人类。在这种情况下，我们会拒绝杀戮。"[9]

　　这一理论在很多方面都不尽完善，但它富有启发性的一面令我很感兴趣。无人机应该放在这张图表上的

165

哪个位置？按照武器物理射程的标准，它应该处在最右端，属于最大距离。但摄像机可以让操作员看到目标，仿佛近在咫尺。但如果按照感知的距离来算，那无人机又应当处在距离坐标的最左端。问题在于，我们称之为"距离"的名词，涵盖了多个容易被一般经验混淆的维度，而远程技术可以同时对空间进行拆解和重组。鉴于不对等的维度加上实用性的共同在场[10]，我们可以近在咫尺的同时远在天涯。物理距离不再必然等同于感知距离。要给无人机在这张图表中定位，我们必须拆解一下"距离"这个统一术语里涵盖的内容，并使这条过于粗糙的水平轴进行衍射。

无人机操作员能看到他们的受害者：这是他们远程暴力经验中的第一个具体特点。他们对目标盯梢的时候，有时会进行长达数周的监视。他们跟随目标观察他们的日常工作和消遣，有时甚至会因此与对方产生一种奇特的亲密感："你看着他们早上起床，去上班，然后晚上回家睡觉"[11]；"我看到母亲和孩子们在一起，我看到父亲和孩子们在一起，我看到父亲和母亲在一起，我看到孩子们一起踢足球"[12]。

他们通过视频也能亲眼看到打击造成的效果。这就是他们与传统飞行员在经验上非常重要的不同之处："当你以每小时 800—900 公里的速度飞行时，你投下一颗200公斤的炸弹后马上离开了，你并没有看到随后发生的事……但当捕食者发射一枚导弹后，你的目光随着它一直到它爆炸，我的意思是说，这事很是惊心动魄，那就是，这事儿就发生在你面前，而且是非常个人的。它会在你脑海中停留很长时间。"[13] 这种物理距离和视觉距离的新奇组合推翻了传统的距离定律 [14]：远程距离不再让暴力抽象化或非人化，而恰恰相反，让它更具"图像性"和个人化。

然而这些因素同时也被技术设备结构中的其他因素抵消掉了。虽然操作员能看到自己的所作所为，但这种感知上的接近却是不完整的，而且是经过了计算机界面过滤的。除了感官范围被缩减到只剩光学尺度 [15] 之外，画面的分辨率也只够瞄准目标，不足以看清目标的面孔。[16] 这是一种退化的视觉。操作员能看清的只是一些无脸的化身。一名中情局的前官员就说过："你能看到这些小人四处奔跑，爆炸发生后，一旦硝烟散去，只剩下瓦砾和被烧焦的东西。"[17] 将人类目标的形象模糊掉后，谋杀就变得更容易了："你屏幕上的那些不是血肉之躯，只是坐标。"[18] 我们的身体不会溅上对手的鲜血。毫无疑问当身体免于污染时，精神上也便减少了道德败坏的感觉。

另一个很重要的问题就是：操作员看到目标的同

时，目标看不到他。正如米尔格拉姆（Milgram）所指出的："比起一个可以看到我们所作所为的人，我们很可能更轻易去伤害一个无法观察到我们行动的人。"[19]鉴于凶手和他的受害者没有处在"能够相互感知的场域"，使得暴力实施起来更加容易。因为暴力实施者没有了尴尬或内疚的情绪，因为他不是在受害者眼底下采取行动的。格罗斯曼补充道："大多数杀手为凶杀付出的短期代价，就是忘不了那张'恐怖的脸，因痛苦和仇恨而扭曲，没错，简直恨之入骨'，但如果我们不用看到受害者的脸自然也就不用再付出这样的代价了。"[20]而无人机就能做到这一点。它能显示足够的信息让操作员瞄准目标，但远远不足以让他真正看到目标，最重要的是，无人机能向操作员确保对方永远无法看到自己正在对他做的事。

连心理上那一点点不安，也被米尔格拉姆称之为"行动的现象学统一性"之瓦解而进一步减轻了。我在这里按一下按钮，那边的一个剪影就在爆炸中消失了："这里面有一种行动和其后果在物理和空间上的分离。主体在一个房间里推动一只手柄，却从另一个房间传来尖叫声。两个事件是相关联的，但它们之间缺乏一种令人信服的现象学统一性。一个有意义的行动结构——我正在伤害别人——因为空间布局的缘故被打破了。"[21]行动被切割后分布在两个相距甚远的点之间，就像处在一个巨大罗盘的两端，撕裂了它在感知上的统一性，在事实上摧毁了它时下的现象学意义。为了用统一的视角考量这种行动，主体必须设法将现象破碎的两面结合起来。一名无人机驾驶员这样描述自己实施的第一次打击："我需要相当一段时间，才能慢慢意识到在那么远 169 的地方到底发生了什么，这时的'现实'才真正变成现实。"[22] 尽管我们的头脑明白打击是真实的，但要让意识与行动真正实现统一，则需要一定的时间。行动的统一性并不是一种给定的事实，因此要促成它的实现，必须经过一个重新统一和反射性综合的心理过程。而显然，其中最难以克服的困难在于，无人机操作员现在只能清醒地意识到这种半瘫行动的一面。

被过滤的知觉，被模糊化的敌人形象，不互通的知觉场域，行动在现象学统一性上的割裂，所有这些因素相结合，就产生了巨大的"道德缓冲"（moral buffering）[23] 效果。技术设备让操作者的视线接近目标的同时，也相应地向他提供了强有力的手段与目标保持距离。但这种经验的形式也呈现出其第二个重要特点：战争暴力是从和平地区发起的。

传统的士兵在从战争向和平过渡的时候，众所周知要经历一个非常敏感的阶段。从一种精神状态过渡到另一种精神状态的过程中，他们可能遭遇一些适应或"重新融入"社会的困难——他们在重返平民生活的时候需要一个"减压"带。即使他们从没离开过自己的国家，"被远程部署在战争地区"[24]的无人机操作员都必须每天经历两次同等程度的突然转换，而且在高速转换的模式下几乎没有过渡阶段。问题就在于这些人要不停往返于两个完全对立的世界之间："这很奇怪"，迈克尔·利纳恩（Michael Lenahan）上校说道，他在第196侦察中队担任捕食者无人机驾驶员兼行动指挥官，"也很不同——你前脚还在发射导弹，后脚就陪孩子去踢足球赛"。上午是一名杀手，晚上是一家人的父亲。每天都在"和平的自我"和"战争的自我"之间切换。[25]

无人机驾驶员时常提到这种双重性的感觉："这是一种认知失调……当你在一架真实的飞机上，你的头脑会自动进行场景切换。但对于我们而言，我认为这更多是一种认知的选择，我认定此刻我正在作战。因此部署就好像一面隔离墙——不是身体上而是认知上的，我们一直都面临的问题之一就是，我们必须在事实上为自己创造一个这样的认知空间。我们从来没有处于真正的和平中，而是一直处在战争与和平之间的某个地方。"[26]另一个操作员描述了他的家庭生活与办公室的战争暴力如何相互渗透，以及自己如何努力使精神在两个领域之间保持分隔："有时候，不停地切换状态、来来回回很困难。就像同一时间生活在两个地方。两个平行的宇宙……这能让一个捕食者的驾驶员患上精神分裂症。"[27]

能否在这种经验下保持精神健康，取决于无人机操作员是否有能力保持清晰的分界。正如其中一人所吐露的："你必须掌握打开和关闭开关的能力。"[28] 但当战斗人员从战争返回和平的环境后，这也是他们最脆弱的能力。当无人机操作员在网上论坛被其他军人骂得狗血淋头时，一名军人站出来替他们说话："今天'待在家里'是很困难的。嬉皮士们痛恨我们所做的一切，痛恨我们在伊拉克的所作所为，而且他们越来越大声地表达着自己的想法。想想那些无人机驾驶员，每天在上班和回家的路上会看到多少反战的标语。"他这番话指出了整套机制中的一个核心矛盾。当暴力武装人员被安置在国内的和平区时，他们所处的社会和政治环境很可能无法理解他们，而他们不得不亲眼目睹自己所执行的暴力所引发的激烈争议。

战争中的人需要为自己打造一个特别的道德世界，与平民世界不同，在这里杀戮是一种美德而不是禁忌。[29] 两种规范制度之间一直存在着潜在的矛盾，但对于无人机操作员来说，由于叠加在他们身上的两个世界从任何一种意义上来讲都是完全分离的，这种矛盾就变得尤为凸显且持久。无人机操作员们从某种程度上讲，既处在前线也处在后方，陷于两种截然不同的道德体制之间，而他们的生活在拉扯中左右为难。他们身上也体现出社会矛盾的缩影，处在这个社会之外的人陷于战争之中，但生活在这个社会之内的人处在和平当中。只有他们同时处于两种状态下，准确的说他们处在矛盾的中心，位于极与极之间。他们生活在所谓民主国家，但同时也处于军事帝国主义国家的双重道德体制下。基根（Keegan）就现代应征入伍的新兵所写的那些内容，也许最终会发生在无人机驾驶员身上，当轮到他的时候，"在面对国家强加给他的武器时，他开始思考，这个国家的人道主义行为准则若不是证明了它令人作呕的虚伪，就是代表了它无法将行为与后果联系起来的精神病缺陷"。[30]

173　　这样的情况已经开始发生了。布兰登·布莱恩特（Brandon Bryant）在担任了五年多的无人机操作员后，决定退出美国空军。如今他向公众发声，并特别提到一段一直纠缠着他的、关于某天的记忆：

　　　　离命中还有十六秒。"秒针仿佛慢了下来，"布兰登回忆道……此刻他仍然有机会改变导弹的轨道。三秒钟。布兰登紧盯着屏幕上最小的像素。突然，一个孩子在房子的角落处跑动……布兰登看到屏幕上发出一道闪光——导弹爆炸了。建筑物倒塌了。孩子不见了。布兰登胃里一阵恶心。

"我们刚才杀了个孩子？"他问身边的同事。

"我觉得那是个孩子"，驾驶员回复他……

这时一个他们不认识的人插嘴了，一个处于军队指挥部某职位的人目睹了他们的攻击说："不，那是一只狗。"

他们又看了一遍录像，一只长着两条腿的狗？……

"这六年中，我看着男人、女人和小孩们死去。"他说道。他从没想过会杀掉这么多人。事实上他从没想过要杀任何一个人。 174

无所事事的日子里，他就在驾驶舱里写日记："在战场上，没有交战者，只有血流成河，这是一场总体战。我觉得自己已经彻底死掉了。我希望自己的眼睛腐烂掉。"

然后有一天，他发现与朋友相聚已经没有半点乐趣了。他经常见面的那个年轻女孩儿抱怨他总是散发着负面情绪。"根本没有开关，我没法就这么转换情绪"，他反驳道。当他回到家里睡不着的时候，就做负重训练。他开始与上级顶嘴……

　　然后有一天，他倒在办公室里，直不起腰，口吐鲜血……

　　在一个风和日丽的日子里，他想明白自己不会再续新的合约了……这一天他走进驾驶舱，并听到自己对同事们说："嘿，今天该哪个王八蛋去见阎王了？"[31]

　　这种证词非常罕见。我们通常听到的是另一套说辞，来自现役操作员的说法是："我对敌人没有任何感情上的牵绊……我有我的职责要履行。"[32]记者评价这名士兵"区分得很清楚"。

　　军事心理学家赫尔南多·奥尔特加强调了这种情绪隔离措施的重要性："我记得在比尔空军基地，他们有一个门口的牌子上写着'欢迎来到责任区'，牌子被伪装成沙漠的颜色。人们一旦走进这道门，就要开启游戏，进入战区。而走出这道门，他们就能回家了。即便是这样简单的仪式，也能对人们提供帮助。此外我们还可以设立遴选标准，正如我们在飞机发明的十一年后，设立挑选飞行员的医疗标准那样。"[33]我们在招聘人才时，应当挑选那些有很强能力自动分隔情绪的人，"能关闭'工作'的开关后切换到'居家'模式"[34]。雇佣那些能分割情绪，能放到一边，能不再去想，能不思考的人。

如果说无人机的精神病理学根本不像我们之前认为的那样，源自无人机操作员可能遭受的创伤，而恰恰相反，来自于工业制造出的精神分隔呢？这种精神分隔可以免除人们对自身暴力进行任何可能的反省，就像他们的身体可以免除一切敌人可能承受的打击。

我试问当代的盖吉兹应当具备怎样的美德。军事心理学家提供了一个答案。那就是一种实用的美德：将精神进行分隔的能力，将事情放到一边的能力。

在二十世纪最黑暗的年代里，西蒙娜·薇依为这个柏拉图的神话给出了绝佳的诠释，并在她那个时代对它进行了重新定义。真正隐形的，她说，不是戴指环的人，而是指环本身："盖吉兹的指环隐形，就能等同于分隔的行为。将自己和自己所犯的罪行分隔开来。不在两者之间建立联系。"[35] 盖吉兹："我成了王，而另一个王被杀了。但这两件事没有任何关系。这就是指环。"我们放到一边后，忘记了自己将什么放到了一边，我们进行了精神分隔——"这种放到一边的能力允许一切罪行的发生"[36]。

III

死亡伦理

1. 战斗人员豁免权

塞尔维亚上空的空战让飞行员得以一窥未来。

——空军报告[1]

179　　"不要裹尸袋""损失恐惧症""规避风险"……20世纪90年代后期，美国出现一大批这样的词汇。它们都表达了同一个意思：正出现一种趋势，动用军事力量要服从保全美国军人生命的政治需要。当代帝国暴力的特点并不在于军事力量的不对称，以及由此产生的脆弱程度的不平等分配——这更多是历史上所有"小型战争"的典型特征——它的特点在于它的标准塑造了西方"民主"大国行使暴力的准则。如果这里有什么新的发展，那就是：在20世纪末，占支配地位的阵营在战争中几乎不会受伤害的事实，为自己树立了一种主导的道德－政治标准。

180　　正是1999年北约介入科索沃时，人们开始清楚地认识到这一点。正如负责指挥北约"盟军"（Allied Force）行动的韦斯利·克拉克将军后来解释的，当时战略上首先要考量的就是"不要损失设备，最大限度地减少飞机损失"："我有更大的政治军事动机。如果我们想将战争无限期地持续下去，就必须保护好我们的空中战队。再没有什么能比'北约两天损失 10 架飞机'这样的新闻标题，更能利用公众舆论伤害我们了。"[2]18 人死亡就足以造成战争的失败：这就是摩加迪沙的教训，而且在克林顿执政期间，"黑鹰坠落"综合征也唤醒了越南战争带来的教训。对伤亡损失的恐惧，即使从军事力量关系的角度来看微不足道的损伤，作用于公众舆论后造成的影响，也足以带来沉重的政治代价。

因此，必须不惜一切代价避免损失。出于这种目的，飞行员的飞行高度禁止低于 15,000 英尺（约 5000米），这是一个足以让他们彻底避开敌人防空系统的安全高度，令他们事实上无法触及。克林顿政府的国防部长威廉·科恩（William Cohen）后来宣称："'盟军'行动的主要教训是，我们必须把部队的安全放在首位。"[3]北约飞机在 78 天内进行了 38,004 次空袭，没有一名机组成员伤亡。[4] 我们事实上在自己的阵营内，成功创造了零死亡率的战争。

但这一规定也不是万无一失的。因为这个海拔高度虽然可以确保驾驶员的生命安全，但也降低了空袭打击的精准度。北约官员在接受国际特赦组织质询时也承认了这一点："飞行在 15,000 英尺高的机组人员，只能识别目标是否与筹划阶段指定的目标一致，但无法区分，比如，目标周围是否有平民聚集。"国际特赦组织据此得出结论："15,000英尺的规定让北约的空中机组人员无法在地面情况发生变化，导致目标不再合理合法时中止进攻。"[5]

我们在宣称要在这场"人道主义干预"中救人，但是否就因为我们不能让"己方"受伤，就可以将"他人"的性命置于危险中呢？从道德哲学最纯粹的传统来看，这个问题展现了良心的所有特点。叶礼庭（Ignatieff）这样总结了这种紧张关系："高科技战争有两项义务：一项是避免平民伤亡，一项是降低飞行员的风险。然而这两项义务彼此产生了直接的矛盾。要更精确地瞄准，飞行员就要低空飞行。如果你飞得高，你就会造成平民伤亡。"[6]在两项当务之急面前，哪一项应该优先？这是一个优先级的问题，一个规范的层级划分问题。面对这一两难的困境，事实上北约没有太多犹豫就给出了答案，他们优先保全飞行员的生命，即使如此一来会增加平民伤亡的"连带"风险。打着保全战士生命的名义，我们冒着增加平民死伤人数的风险，而这次行动所谓的目的在于保护民众。这就相当于承认了，在政治军事平衡的考量下，一个科索沃平民的性命不如一名美国士兵的性命有价值。

深谙"正义战争"（guerre juste）理论的哲学家们，在面对"无风险战争"(guerre sans risque）这一难以把握的方面时，陷入了困境。而那些已经察觉到这种根本性规范转变的哲学家们，反应则十分强烈，常常十分愤怒。因为这一选择违背了标准战争伦理的道德准则。让·贝特克·埃尔希坦（Jean Bethke Elshtain）这样写道："美国官员将这次干预行动描述成一种道义上的责任。然而，冲突还没有结束，观察员们就想知道，美国是否已经颠覆了道德传统，让战斗人员而不是非战斗人员免受战斗的侵害。"[7] 她在愤怒中抓住了核心的东西。这当中产生和反映出的，是一种默认的规范原则的优越性，它与武装冲突法无关，但被默认为是高于武装冲突法，是一种豁免帝国战斗人员的独特原则："我们似乎通过制定新的标准，违背了歧视原则：经过考量，战斗人员豁免权被置于非战斗人员（科索沃塞族和阿族平民）的豁免权之上。为了确保北约士兵——也是美国士兵的生命——免遭危险，我们选择了维护战斗人员豁免权，选择了维护我们自己的战士。"[8]

这并不是个例。十年后，当美国军队对阿富汗和伊拉克采取地面干预行动时，亚历克斯·J.贝拉米（Alex J. Bellamy）在干预采取何种形式上做出了类似的判断："似乎一个明确的模式已经建立，在行动区内，美国战斗人员的安全高于非战斗人员……对非战斗人员的保护仅限于当采取保护措施不危及战斗人员的生命时。"这就表明事实上"战斗人员的生命比非战斗人员的生命更有价值"。[9]

这一原则在 20 世纪 90 年代，还或多或少是以一种含蓄但务实的方式表现出来的，但自此以后得到了理论上系统且明确的规范化。帝国战士豁免权在实用性上的合理性，如今成为一套学说。以色列对它进行了如下阐述。

"当以色列国防军军官被质询，如何回应其在加沙地带的冲突中，导致数百名巴勒斯坦平民丧生时，他们几乎给出了同样的答案：武装部队的大规模使用是为了保护士兵的生命，如果必须在以色列士兵和敌国的平民之间进行选择……优先保护本国士兵的生命。"[10]《国土报》（*Haaretz*）指出，这一回答绝无即兴发挥的成分，而是基于"一套在过去几年中发展起来的伦理理论，它证明了上述行为的正当性"。道德哲学到底有什么用？别的不说，它能为发动战争提供便利。

阿萨·卡舍尔（Asa Kasher）是特拉维夫大学的哲学教授，多年来与以色列军方保持密切的合作，在 20 世纪 90 年代中期制定了一套《道德法典》（code éthique）。他为"定点清除"行动辩护，声称行动在人口密集的地区造成不可避免的"附带伤害"（dégâts collatéraux）是正当合理的。他还为以色列国防军（Tsahal）和以色列国家安全局（Shin Beth）的服役人员提供培训，讲授他修订过的军事道德准则。[11] 在采访中，他不无理由地吹嘘道："我们所做的正在成为法律。"[12]

2005 年，他与阿莫斯·雅德林（Amos Yadlin）少将合写了题为《反恐的军事伦理》（"Military Ethics of Fighting Terror"）[13] 一文。两名作者对自己的野心毫不掩饰：他们要做的就是彻底改革道德和武装冲突法的既定原则。

在这篇文章里，他们对多个概念进行了攻击，但他们将最猛烈的炮火对准了非战斗人员的豁免原则："按照一般概念对战斗人员和非战斗人员的区分，国家对前者的义务要比后者少。因此减少战斗人员的伤亡义务处在国家优先事项的最末尾……我们反对这种观念，因为我们认为这是不道德的。一名战士是一个穿着制服的平民……他的血和不穿制服的平民的血一样鲜红，一样粘稠。他的生命和其他任何人一样宝贵。"[14] 由此人们应该得出这样的结论：保卫国民的生命是民族国家的最高义务，无论出于何种情形、何种代价，本国国民的生命安全都比降低敌方非战斗人员的伤亡更重要。再明确地讲，按照国家义务的先后顺序，在战争状态下，以色列毫无疑问首先要确保本国士兵的安危，而非加沙一个孩子面临的"附带危险"（risques collatéraux）。前者的生命，尽管已经武装到了牙齿，按照规定还是被认定在后者之上处于绝对受保护的位置。而这一观点从此之后在哲学上成立了，这种"道德"论调毫不留情的冷暴力风格，是在模仿分析哲学在形式上的严谨。

矛盾的是，这一论点的依据是一种修辞，强调所有生命都具有同等价值（但请注意，这种情况只适用于平民之间），但在实际上这种同等的价值造成了生命的优先级，尽管大家的血都一样"红"，但优先级的排序取决于这具身躯是否属于民族国家的国民。如此一来，在平民和战斗人员之间的结构性区分中，占有优先地位的一方被替换，一种新的结构性区分——国民和外国人之间的等级区分——由此取而代之。这里所谓的"伦理道德"（éthique），不过是对最残暴的民族主义的粉饰。

民族国家的义务由此凌驾于国际人道法所规定的普遍义务之上。或者说：人们声称可以在一个基本的规范性框架中对上述义务加以修订，当这个框架的范围被缩小到一个国家对自己国民的特定义务时，这种修订就是被允许的。尽管武装冲突法在规定武装暴力的适用限制时，参考的是平民（不管他们是谁）的普遍权利。但卡舍尔和雅德林的修正主义理论体系，重新绘制了相关类别的版图，国家主权的界限成为这一版图的分界线，在这条分界线之内的某些生命，必须得到优先保护，即使以屠杀分界线以外的平民为代价也在所不惜。这就造成双方伤亡上极端的不对称，因为保全一个本国士兵的生命，可以成为放弃无数外国平民生命的理由："根据我们职责的优先排序，国家必须优先保护一个平民的生命，即使营救行为造成的附带伤害要大得多，这似乎并不合理。"[15]卡舍尔和雅德林的理论要攻击的除了区分原则，还有比例原则，这些原则都在拯救国民生命的名义下被牺牲了。

188

对于正义战争理论的思想家而言，这种新理论就像一头没有名字的怪兽。迈克尔·沃尔泽（Michael Walzer）和阿维沙伊·马加利特（Avishai Margalit）向卡舍尔和雅德林发起论战，强烈反对他们的立场："他们的论点，说白了就是……'我们'士兵的安全优于'他们'平民的安全。我们的主要分歧在于，我们坚持认为这种论点是错误而且危险的。它模糊了战斗人员和非战斗人员之间的区别，而这一区别对于战争中的正义理论[即《战时法》（*jus in bello*）]至关重要。"[16]他们重申"防止战争蔓延最关键的手段，在于明确区分战斗人员和非战斗人员，"他们补充道："对于卡舍尔和雅德林而言，战斗人员和非战斗人员之间不再有明确的区分。但是这种区分应当非常明确，因为它的全部意义就在于，将战争限制在那些——仅仅是那些——有能力制造伤害的人之间……这就是我们捍卫的指导方针：在另一个阵营的非战斗人员面前发动战争时，要像对待自己的公民一样对待他们。"[17]

以色列科学院的院长梅纳赫姆·亚阿里（Menahem Yaari）在这场开始升温的争论中，站在沃尔泽和马加利特这边，直言不讳地说："在以色列传统机构里的种族中心主义及仇外情绪日益增长的大背景下，一套在无辜平民要遭受危险的情况下，以这些平民是'自己人'还是'其他人'为由而加以歧视的军事行为准则，尤其令人担忧。我们正在目睹普遍主义和人道主义向着狭隘的地方主义（parochialism）和部落主义一路滑落。"[18]

我们必须全面审视这次理论上的进攻：这一理论不啻于是对 20 世纪下半叶确立的武装冲突法的颠覆。同时也是从自我保全的民族主义出发，对国际法原则的践踏。我们将会看到，它也是无人机死亡伦理的首要指导原则。

2. 人道主义武器

有一场战争正在进行，而无人机就是最精致、最
精准和最人道的战斗方式。

——杰夫·霍金斯（Jeff Hawkins），美国国务院
民主和人权事务局 [1]

我们从不对自己说："让我们制造一种更人道的
武器吧。"

——亨利·A. 克伦普顿（Henry A. Crumpton），
中情局反恐中心副主任 [2]

狩猎杀手无人机的拥护者们宣称，该无人机代表了
"人道主义技术的重大进步" [3]。他们这么说的意思，不
是说这种装置可以用于向受灾地区运送粮食或药品这样
的事情，而是说，无人机作为一种杀戮的手段，是一种
人道主义的武器。

在这种言论里，词语的含义是如此颠倒不清，以至
于那些大放厥词的人都意识不到自己的措词十分奇怪。
人们怎么能声称，"无人"驾驶的战争机器是更人性化

的杀人手段呢？我们怎么能把摧残人命的过程称为人道主义的过程呢？如果说人道主义行动的特点是必须救助处于危难中的人的生命，那我们很难看得出一种致命武器符合这一原则。

马萨诸塞大学的政治学教授埃弗里·普劳（Avery Plaw）是这样回答上述问题的："无人机能救命，美国人和其他人的命。"[4] 对于那些一头雾水的人，我们需要解释一下这种扭曲的逻辑，以及按照这种逻辑致命武器是怎样救人的。

显而易见，对于参战的美国人而言，无人机确实保全了他们的性命。但不那么显而易见的是，无人机如何同时"拯救了"其他的人。对此我们稍后再加以分析，让我们从第一个论点开始论述。

首先，无人机拯救了"我们的性命"。从这点来说，它们已经是"道德的"了。一本杂志在 20 世纪 90 年代末，用一种更有效的方式总结了这一观点：它在两幅线条清晰、湛蓝色背景上的无人机照片之间，插入一条接近于广告的副标题："除了敌人，无人阵亡"（"Nobody dies – except the enemy"）。[5] 按照这种军事道德观，在杀戮的过程中冒着生命危险是不好的，但在不冒生命危险的情况下杀人是好的。无人机死亡伦理的第一原则竟是生机论（vitaliste）。只有按照这种逻辑，无人机才能说是一种"人道主义"武器：人道主义的当务之急就是拯救生命。而无人机确实拯救了我们的性命。因此这属于人道主义的技术。证明完毕。

宣扬无人机是道德武器这一理论的主要先驱，名叫布拉德利·杰伊·斯特劳泽（Bradley Jay Strawser）。他就这一理论写的两篇文章，使他得以被美国一所军事院校雇用为哲学教授。[6]《卫报》认为，这表明一个迹象：美国的军事机构相信"无人机和军事道德的问题，会随着时间的推移，越来越成为人们激辩的话题"[7]。斯特劳泽评论说："学院希望在这场辩论中握有发言权，所以才雇用了我……我一直想当哲学家，就这样当成了。真是幸运。"[8]

斯特劳泽认为，无人机作为一种武器不但是道德上能接受的，而且是"道德上必须的"[9]。如果你想按照道德法则杀人，你就必须使用无人机。他的理论基于一种他称之为"不必要风险的原则"（Principle of Unnecessary Risk）[10]，依照这种原则，"命令某人承担不必要的致命风险是不对的"[11]。他的理由是："我们有义务尽可能保护所有参与正当行动的人员的生命安全，只要这种保护不妨碍这些人员公正行事的能力。无人机恰好能提供这种保护。因此只要我们能证明，无人机的武器系统不会显著降低交战人员的行为能力，我们就有义务使

193

用它。"[12]

我们再一次回到至关重要的自我保护原则上，只是这次它伴随着一个限制性的条件：只有当无人机不会"显著降低行为能力"[13]时，用它代替战斗机才是一种道德义务。提出这种限制条件，就相当于承认"通过无人机提升对战斗人员的保护，不应当以增加非战斗人员牺牲的风险为代价"[14]。换言之，与卡舍尔和雅德林不同，斯特劳泽认为，贯彻保全本国战斗人员的原则是有前提的，就算不是让非战斗人员的风险最小化，至少也该与先前的武器系统相比，不让同样的风险加剧。

但倘若与之相反，这种武器使我们"无法恰当地遵循《战时法》（*jus in bello*）的区分（discrimination）和相称（proportionalité）原则，那这样的无人机就不应当被使用"[15]。但斯特劳泽对无人机相当有信心，因为他从一名以色列军火商的广告材料中读到，这项技术"提高了飞行员的辨别能力"："最棒的是……随着导弹逐渐接近目标，图像也变得越来越清晰……出于这个原因，区分正当和非正当目标会变得更加容易。"[16]

无人机的道德性，无非是在重复"外科手术式打击"的老生常谈。这个古老的军事幻想，如今终于变成现实。科索沃战争在正义战争理论家的眼中是一场不道德的战争，但通过无人机的道德性，就可以为这场战争正名。沃尔泽在当时承认，只要一支军队采用的"技术对于自己的士兵没有风险……如果同样的技术也能确保对平民没有风险"[17]，那这样的用法无疑是"完全合理的"。关于"智能炸弹"（smart bombs）也有过此类的主张，但沃尔泽补充道，这是一种"至少在当下，被严重夸大的"[18]雄心。

此外还有一个明显的次要问题：如果随着技术的进步，出现新武器能协调距离和精准度之间的平衡，这样的矛盾可以从实际上被化解吗？假设要保全本国士兵的生命，倘若不需要额外危及对方阵营非战斗人员的生命，矛盾就消失了。如此一来，士兵的豁免权与平民的生命安危和谐地统一了。技术的奇迹将解决道德困境。这便是当今无人机支持者们的主张。在他们看来，操作员的远程操作并不会造成其操作能力的丧失，也就是说事实上不存在这种矛盾。这也是为什么这些说法认为，无需附和卡舍尔和雅德林的理论，即非战斗人员豁免权应从属于本国士兵的生命保障：如果我们承认问题已在实践中被解决，就根本不需要在理论上赘言。

也正是从这种意义上讲，我们可以断言，无人机不但可以拯救"我们的"命，也能拯救"他们的"命：因为它的精准度提高了。与其他武器相比，它造成的"附带伤害"更少，因此有可能更加道德。

196　　　更根本的是，一个打着人道主义幌子的军事暴力权力出现了。[19] 一个我们也可以称作"人道军事主义"（humilitaire）*的权力。这种权力同时握有生杀大权，既能伤害也能救助，通过整合的方式用一种行动便能完成两种任务。它是毁灭力量和关怀力量，以及谋杀和看护（Care）的直接结合。[20]

　　我们拯救了生命。但从什么的手中拯救了生命？从我们自己手中，从我们自己制造死亡的力量手中。我要实施的暴力还可能更糟，但我出于好意，在施暴的过程中限制了致命的影响，施暴纯粹是我的职责，而我道德地采取了行动。

　　正如埃亚勒·魏茨曼指出的，这种辩解基于一种两害相权取其轻的逻辑：我们的"人道主义存在，过于沉迷计算和校准，即使是以微不足道的方式，也总是试图减轻自身引发的罪恶"[21]。汉娜·阿伦特也发出警告，反对这一推论："从政治上讲，这种论点始终有一个弱点，就是那些两害相权取其轻的人总是很快忘记，自己选择的始终是祸害。"[22]

---

* "人道军事主义"，humilitaire，是人道主义 humanitaire 和军事主义 militaire 的结合体。——译者注

3. 精准度

如果这都不算美德，我很乐意被告知这算什么。

——托马斯·德·昆西（Thomas De Quincey），《被
视为艺术的谋杀案》[1]（*De l'assassinat con-
sidéré comme l'un des beaux-arts*）

"它很精准，造成的附带伤害也很有限"，中情局
前局长莱昂·帕内塔（Léon Panetta）提到武装无人机
时如是说。[2] 这样的论调俯拾皆是：无人机，由于它的
"精准度"，可以减少"附带伤害"，因此能够更好地遵
守区分原则。[3] 这些论断的共同之处，就是都建立在一
些混淆不清的概念构成的虚假证词上。因此我们有必
要条理清晰地指出这些错误的概念，我是说要精准地
指出。

无人机可以被视为一种更精准的武器吗？首先这
取决于我们用什么和它作对比："无人机，"斯特劳泽写
道，"与以往时代的空中轰炸相比，代表着一种非凡的
潜在道德进步。"[4] 一名中情局特工在这层意义上进行了
拓展："可以用我们今天所做的，和德累斯顿的燃烧弹

轰炸作对比"[5]。但如果我们用德累斯顿，或者干嘛不用广岛，作为精准度的比照标准，那任何军事程序都能成功通过测试。[6] 这里出现的，实际上是在比照标准的选取中混淆了武器的形态和功能。由于无人机是一台飞行器，我们出于它形态的考虑，会自然而然将它与此前出现的其他军用飞行器进行比较。显然，与第二次世界大战中的轰炸机相比，无人机的精准度不可否认地得到大幅提升。但这种比较是错误的：要正确评估无人机的精准度，应该将无人机和目前可用于相同战术功能的武器进行比照。比如在清除本·拉登的时候，选择是在无人机和突击队之间进行的，而不是无人机和阿伯塔巴德上空的德累斯顿式轰炸之间进行。若不是故意被外部属性所误导，正确的比较方法应当着眼于功能上的等同而不是形态上的相似。无人机不是用来进行"地毯式轰炸"的，反之轰炸机也不是"定点清除"的武器。恰当的比较不应该是对比过去和现有的空中武器，从而证明现有的武器更先进，而应当对比当下具有同样功能的其他武器。

此外还有一个被混淆的，是语义上的概念。在上述那些主张里，三个不同的概念被轻易地混为一谈，"精准度"实际上包含了三个相近但不完全相同的概念：瞄准的精确性，打击造成的影响范围，以及对打击目标的充分识别。

由激光引导的打击在瞄准上拥有很高的精确性：弹道导弹会在指定的确切地点爆炸。但这并不意味着它爆炸产生的影响必然减少。这跟导弹的"杀伤半径"（kill radius），也就是爆炸范围有关。一次打击也许在瞄准上完全精准，却能造成世界上最大的打击范围。这就是击中目标和只击中目标之间的关键区别。

用一个无法用法语翻译的军事双关语来说，无人机可以"将弹头镶进额头"（to put warheads on fore-heads）[7]。捕食者无人机发射的AGM-114"地狱火"导弹造成的"杀伤区"（kill zone）大概是15米，也就是说凡是处在爆炸点半径15米范围内的人，就算他们不是指定目标，也会为目标陪葬。至于它的"杀伤半径"（rayon de blessure），大约在20米。[8]

用装载导弹的无人机代替向地面派遣部队，显然会导致"作战能力的重大损失"，要知道一颗手榴弹的致命半径只有3米，更别说常规弹药了。我们不禁要问，在哪一个虚构的世界里，用反坦克导弹击杀一个人，并摧毁方圆15米内的所有生物，并将方圆20米内的其他生物致残，会被认为"更加精准"。一些巴基斯坦的变性武装分子在抗议无人机的游行中接受采访时解释道："如果恐怖分子潜入美国的一所学校，并将学生扣押做人质，美国是不会派遣无人机向学校发射导弹的；他们会寻找一种更稳妥的方式，在保证孩子生命安全的基础上，逮捕或击毙恐怖分子。"[9]

此外认为无人机是一个道德精密设备的论点，还基于另一个概念的混淆，即选取目标时，武器的技术精度和它辨别目标的能力。这一因概念混淆引出的谬论，虽然很简陋，但仍然不断被人重复引用。或者更准确地说：被重复过太多次后，人们渐渐对其的简陋视若无睹。举个例子，前白宫反恐顾问、现任中情局局长约翰·布伦南（John Brennan），因其在推行无人机计划时起到的重要推手作用，被美国媒体冠以"暗杀沙皇"的名号，这是他一段演讲的节选："由于远程操控的飞机具有前所未有的能力，可以精确锁定军事目标，同时将附带伤害降到最低，我们可以说从没有一种武器，让我们得以更有效地区分一个基地组织的恐怖分子与无辜的平民。"[10]

这个官方的真相，即精准度的提高使无人机成为一种道德的武器，因为它可以更好地区分平民和战士，在没有经过任何批评检验的情况下，被数十家媒体和学术刊物反复重申。然而连篇累牍的锤炼也无法让这一论断在逻辑上连贯。

你的武器允许你精确摧毁你想要摧毁的目标，不代表你能更好地区分谁才是正当目标。打击的精准度与目标的相关性没有关系。这就好比说，断头台的刀锋很锐利，可以在斩首的时候把头和脖子切得干干净净，因此表明断头台能更好地区分谁有罪谁无罪。这里的诡辩是如此明目张胆，而布伦南谨慎的条件措辞似乎表明，撰写他演讲稿的人对当中的谬误推理心知肚明，以至于他们满足于提出观点，而不去更进一步肯定它。但要将这种观点通过暗示的方式植入公众大脑，这样做已经足够了。

然而还有另外一种更加微妙的表达方式来表明这一观点，这种说法不再假设打击的精准度可以提升目标的识别度，因为这显而易见是荒谬的，而是说"能够影响有区别地使用武力的真正因素，在于对目标充分的视觉识别"，而"从某种程度上讲，更清晰的图像可以让武力在使用上更有针对性，而武装无人机技术的使用总的来说，是一种在道德上更优越的战争模式"。[11]

理论就说到这里。在实践中，我们只能说无人机锁定目标的精准度建立在其持续监视的能力上，而正如我们上文已经见识过的，无人机在区分目标上做得并没有特别出色。但这里有必要明确一个根本观点。所有的问题都归结为一点：我们如何从视觉上辨别一个人是或不是一名战士？一个无人机的操作员如何通过屏幕看出差别？

　　正如在当下的反叛乱行动中那样，当无人机驾驶员瞄准没有穿制服的敌人时（通常是在武装冲突区之外），战斗人员的身份不再能够通过任何传统的标志进行区分。至于武器携带的问题，在一个持枪普遍的国家里，这一标准是行不通的。正如一名也门官员总结的："在也门，所有人都持有武器。他们怎么可能区分可疑的武装分子和单纯持枪的也门人？"[12]

　　武装冲突法禁止武器直接瞄准平民。对这条规定唯一的暂时例外，是当一个平民"直接参与了敌对行动"[13]。比如当一个穿便服的人突然用枪指着我。如此一来，他就在战斗中表明了自己的立场，并构成一个迫在眉睫的威胁，因此会被另一方军队当做合法的攻击目标。

　　但是这两条标准：直接参与敌对行动和构成迫在眉睫的威胁，在无人机的作用下会彻底失效：如果连战斗都没有，如何直接参与敌对行动？如果地面上连军队都没有，对谁能构成迫在眉睫的威胁？在剥夺了敌人直接参与敌对行为的一切机会时，我们也丧失了识别敌人最确凿的方式。矛盾就在于，当我们吹嘘无人机有多强大的功能，可以更好地区分战斗人员和非战斗人员时，无人机事实上废止了形成这种区分的条件，也就是战斗。

这就好像我们在使用一个极其强大的显微镜，它的可视 204
化技术令它应该观察的现象在镜头下失效了。

　　在使用一种将战斗排除在外的武器时，如何才能看
到战斗人员？这里有一个深刻的矛盾。当这种武器剥夺
了军方在事实上得以区分战斗人员和非战斗人员的明确
标准，这种区分原则最根本的适用性便受到了威胁。

　　因为我们不再拥有明确的证据来确定敌人的身份，
所以就必须动用其他的识别技术和其他范畴的标准。战
斗人员的定位被极端化，并在司法技术上被概率化。

　　出于战斗已不复存在这个一目了然的原因，直接参
与敌对行动几乎不再可能，因此战斗人员的身份变得不
那么明显，而且被逐渐淡化，以至于对好战组织一切形
式的归属、合作，甚至是假定的同情，都被视为参战，
而不管他是否加入其武装部队。"战斗人员"的概念在
悄无声息中被"疑似武装人员"（suspected militants）
的概念替换。将战斗人员等同于武装分子，使得杀戮权
得以延伸到传统法律规定的界限之外，并赋予了合法目 205
标这个概念无限的延展性。

　　此外，在确定战斗人员身份的时候，怀疑的认知
论将取代基于明确观察和事实陈述的认知论，依据新的
认知论，确认目标的决定将基于行为识别和行为模式来
推测该人物是否属于敌对组织成员。假设你的行为模

式（pattern of life）表明，你有七成的可能性是一名好战分子，换句话说，一个战斗人员，那我们便有权利射杀你。

尽管该论断令人惊恐，但约翰·布伦南于 2011 年6 月安慰公众时说，美国无人机已经突破了它们的结构限制，实现了战争史上前所未有的壮举："我差不多可以这么说……在过去的一年里，没有任何一起附带死亡，这多亏我们成功开发出了无人机卓越的性能和精准度。"[14]

军事理论专家可以开香槟庆祝了。军事科技实现了它的承诺。武器全面人道化和充分道德化的时代终于到来了。一项新的丰功伟绩诞生了：继我方人员零伤亡的战争后，诞生了敌方无平民被杀的战争。尽管卡珊德拉已发出警告，但按照两害相权取其轻的逻辑进行推演，最终会产生绝对的善。

但这样的奇迹怎么可能实现呢？《纽约时报》在几个月后做出了解答。统计的奇迹在于所使用的计算方法，正如类似情况下人们经常使用的。其中的窍门很简单，但十分骇人。乔·贝克尔（Jo Becker）和斯库特·沙恩（Scoot Shane）袒露道，当局统计时，默认"所有在打击区域内出现的男性个体，只要达到战斗年龄[15]都被算作战斗人员……除非有确切的信息在他死后表明他是无辜的"[16]。正如一个匿名官员向记者吐露的："他们清点尸体，但并不确定这些人是谁。"[17]

掩藏在军事化伦理和国家谎言幻象下的，毫无疑问就是非常人道和高度道德的无人机原理：在目标被证明是无辜者之前——然而是死后证明，他们都是有罪的。

尽管伦理学在经典意义上是关于乐享生活和体面死去的学说，但死亡伦理却成为一种关于正确杀人的学说。死亡伦理将杀人的过程当做在道德评判上可以沾沾自喜的对象。

一旦人们头脑中被植入了这些虚假的证据，认为无 207 人机在原则上是一种"更精准"的武器，因此也就更加符合区分原则，无人机的死亡伦理摒弃了所有对根本问题的探讨，将批评者引向一种对数字的辩论，通过颠倒举证责任，批评者虽然在理论上能姑且认同无人机更加道德，但通过经验他们却看到在实践中这种武器造成了相反的结果——事实上，倘若人们从一开始就接受了这个假设，那一结果就会变得完全无法解释，除非是出现了意外，比如操作中的人为失误，而武器本身完全没有问题。

由于目标的选择标准和打击的实际效果都十分模

糊，批评者便倾向于对透明度提出要求，要求知晓流程上的准确数据和精确信息。而法律上的讨论则陷入统计人员和法医们的技术诡辩，他们试图通过这种诡辩，将公众的注意力从武装暴力对人类现实造成的具体影响上转移开，使受害者的存在进一步客观化和抽象化。那些曾经有血有肉的躯体不见了，只剩下法学家的备忘录、数据专栏以及弹道分析报告。[18]

208　　我刚才试图证明，精准度－区分理论是如何建立在一连串诡辩和概念混淆的基础上的，这种混淆和诡辩可以也必须首先在原则上受到质疑。与广为流传的神话相反，无人机实际上是一种实施无差别攻击的新型武器：通过排除了战斗的可能性，无人机破坏了战斗人员和非战斗人员之间的明确区分。

　　我认为做出这样的澄清，并认真检验各领域反对意见的合理依据至关重要。但这么做是有风险的。因为定义死亡伦理的并不仅仅是一些特殊的理论，而是这些理论的特定风格，一种思考和书写的风格。这种风格将学术写作的枯燥写法与官僚主义理性下的法律－行政形式主义相结合，仅凭所使用的词汇，就对构成其真正主题的暴力进行了很大程度地修饰，让暴力变得委婉并失去现实意义。到底什么才叫"附带伤害"？"人道主义武器"究竟能做什么？这些词汇下面又埋葬着多少尸体？

***

那是个怎样的梦？

——我梦见我的腿被锯掉了，我失去一只眼睛，我什么都做不了……有时候，我梦见无人机会发起进攻，我感到害怕。我是真的好害怕。

采访一结束，萨道拉·瓦齐尔（Sadaullah Wazir）将两条裤腿卷到膝盖根部，直到肉色的假肢完全露出。

你听到它来了吗？

——没有。

——发生了什么？

——我晕倒了。我被击中了。

正当萨道拉失去意识，被转移到白沙瓦另一家设施更好的医院，以便让自己破碎的双腿接受截肢时，媒体宣布，一名很可能是基地组织高级指挥官的人，埃利亚斯·卡什米里（Ilyas Kashmiri）很可能在袭击中丧生。这一情报后来被证明是假的。这是三次宣布卡什米里被击毙中的第一次。

与此同时，萨道拉和他的亲戚们则被埋葬在一些词汇的残骸下："好战分子"，"无法无天"，"反恐主义"，"居住地"（一个相较家而言冷冰冰的词汇）。快走吧，美国的媒体对公众说，这儿没什么好看的。

210　　大概 15 天后，就在全世界都将这件事忘记的时候，萨道拉被一个漫长的噩梦惊醒了。

　　你还记得你第一次意识到自己的腿没有了的情形吗？

　　——我当时在床上，身上缠满了绷带。我试图移动双腿，但我不能，于是我就问，'你们把我的腿砍了吗？'他们说没有，但我想我知道答案了……

倘若你问萨道拉、卡里姆、侯赛因，或者许多其他像他们一样的人，他们想要什么的话，他们不会说他们想要无人机打击"透明和真实的数据"。他们会说，他们想让死亡止步。他们不想赴死。他们不想再去参加葬礼——也不想在人们正沉浸在悲痛中时被轰炸。"透明和真实的数据"对于他们而言，是太抽象的问题，与真实、持续、系统的死亡毫无关系。[19]

IV 杀戮权的哲学原则

1. 厚德的凶手

这种合法杀戮的权限被赋予我们当中的刽子手和
士兵……

他们的职能只有在彼此疏远的情况下才会相互接近；

正如圆圈中的 1 度与 360 度相接，

正是因为没有比它们相距更远的了。

——约瑟夫·德·迈斯特（Joseph de Maistre）[1]

阅读法律和法律哲学著作非常枯燥乏味。但在一个
法律言论也构成战争武器的时代，对它完全无视就绝非
明智之举了。

武装无人机今天引发的与法律有关的众多问题，实
际上是 20 年前科索沃上空"无风险战争"引发的相关
问题的直接延续。那时，迈克尔·沃尔泽提出质疑：无
风险战争（对于发动战争的人而言）是被允许的吗？

他先是自己做出回答，在正义战争理论的悠久传统
中，我们找不出任何东西禁止远程战争："只要士兵能
精确瞄准军事目标，就有权在安全距离内作战。"[2]沃尔
泽接着引用了加缪的一句话，开启自己的另一个论断。

他切入的角度微妙而辩证："在阿尔贝·加缪思考反抗
者的时候，他解释说，如果你没做好赴死的准备，就不
能杀戮……但这一论点似乎不适用于战斗中的士兵，因
为战斗的目的正是为了在杀人的过程中避免被杀。然
而，这当中还有一层更宽泛的意义，在这点上加缪是对
的。"[3] 可以说这种"更宽泛的意义"，从道德和元法律
的层面，触及了战争本身的原则。沃尔泽接下来再次回
到加缪的格言上，我们可以看出他使用这句格言是为了
阐述自己的观点，但在使用上倘若不是颠倒语义，就是
用得不合时宜："他们应该准备好赴死，就像加缪所说
的那样，但采取措施保护自己的生命与此并不冲突……
但我认为，不能被允许的是，北约在科索沃战争期间的
所作所为，北约领导人在战争开始之前就宣称，不管发
生什么，都不会派遣地面部队参战。"[4] 然后他重下一锤：
"这是一种不可能的道德立场。如果你没做好赴死的准
备，就不能杀戮。"[5] 因此从原则上讲，是否拥有在战争
中杀戮的权利，取决于是否接受将自己士兵的生命暴露
在危险中，或者至少不是在事前就排除了这种可能性。

　　值得一提的是，沃尔泽在这里定义的立场，让战
争的领导者们陷入一场有双重束缚的游戏：一方面，他
们在道德上有义务将战士承受的风险降到最低，但另一
方面，他们又在道德上被禁止完全消除这种风险。人们

一旦彻底满足第一项要求，实现了零风险，就会从方方面面触犯这一规定的底线，因为对风险有德性的最小化会化身为自己的对立面，成为最极端的道德丑闻，触及禁止的红线。然而，这并不完全是沃尔泽的意思。从字面来看，对于他而言，士兵为消除自身风险作出努力构得上"一个可能的道德立场"，但战争领导者宣称不会让士兵受到威胁则不足以形成"一个可能的道德立场"——那么这就留下一个开放性的问题，如果实际上做了但不广而告之，是不是就更能被接受了？无论如何，沃尔泽认为，问题在于将零死亡战争原则确立为己方阵营的道德规范。但为什么呢？

这不可接受，是因为这就意味着"有些生命是可以牺牲的，有些不能"[6]。这里便埋藏着道德丑闻的根源：假设敌人的生命完全可以被牺牲，而我方人员的生命是神圣的，这便影射了双方在生命价值上存在着巨大的不平等，违背了人人享有平等生命尊严这一不可侵犯的原则。

我认为沃尔泽认定这应是第一项要求的前提非常正确，他对于这个想法感到愤慨也合情合理。但我也认为，他的分析仅止于半程。为什么（从原则上）彻底解除杀戮的权力与因杀戮而丧命的风险之间的联系，确实不能被容忍也不能被接受呢？作者指出它违背了本体平等的基本原则。他所使用的术语的分量表明了一种本质上的抵抗。他触及的是一个涉及边界的案例，他必须予以否决。但造成这一丑闻的原因不光是道德上的，也是理论上的：是一种理论面对一种威胁它的现象时的本能反应，如果理论对此不加保留地接纳，现象就将彻底摧毁它。何以见得？

沃尔泽在引用《反抗者》时的笔误或有所掩饰的言外之意，暗示了问题的关键。因为加缪在文本中思考的并不是战争，而是其他东西。在《厚德的凶手》*一文中，他所探讨的不是战争，而是恐怖袭击的条件。道出的是政治暗杀的道德问题。加缪笔下的人物，是20世纪初俄国的年轻理想主义者，他们计划实施暗杀，报复沙皇政权的残酷镇压。然而他们遇到一个矛盾，一个良心问题："因此，他们觉得谋杀既不可或缺又不可原谅。心灵平庸者，面对这个可怕的问题，可以忘却这些关系的某一方面而心安理得……然而，此处涉及的这些极端主义的心灵则什么也没忘记。此后，那些虽然无力证明他们认为不可或缺的东西正当合理，却挖空心思以自我献身为之辩护，以个人牺牲来回答他们向自己提出的问题。对他们而言，如同对他们之前的造反者，杀人与自

———————————

* 篇名原为 Les meurtriers indélicats，译名根据沈志明译本。

杀可以等量齐观。于是，一条性命可以被另一条性命抵偿，从两个祭品中产生出一种价值的许诺，卡利亚耶夫、沃伊纳罗夫斯基及其他人相信一个个生命都是等价的……杀人者只在还同意活下去时才有罪……相反，死亡可以将罪责和罪行一笔勾销。"[7]

与沃尔泽给出的诠释截然相反，文章的论点不是说，必须拿自己的生命冒险才能获取杀戮的权利，而是对他们来说，谋杀是不可原谅的，只有在凶手变成凶手的那一瞬间，立刻与他的受害者同归于尽，才是可以接受的。在这种虚无主义的逻辑下，这不是冒死的问题，而是必死无疑的问题。

沃尔泽的手法很特别，他对国家战斗人员在远程战争中免受伤害的事实进行道德批判时，将这段引述作为其批判的基础。这一论断事关谋杀道德而非战争道德。表面上他想说的是，在战争中要杀人，必须在道德上接受自己必须承担赴死的风险这一原则。但实际上，他精心挑选了一段春秋笔法的引述。因为问题出在：如何在非战斗的情形下为凶杀辩护？要想为这种行为辩护，只好借用政治暗杀的理论。这就是沃尔泽作为加缪的读者给大家的启示。表面上，沃尔泽显然是对加缪进行了误读，他将一句虚无主义的格言，扭曲成一句经典的战争道德格言："如果你没做好赴死的准备，就不能杀戮。"

但他用春秋笔法表明了另一种观点："无风险战争"的作战人员实际上处在炸弹袭击者的凶手位置上，但与理想主义的恐怖分子不同：他们只有确信自己不会死时，才会准备好杀人。

　　加缪曾预言："接踵而来的其他人，被同样蛊惑人心的信仰所激励，却断定这些做法是感情用事，拒绝承认任何一个生命与任何另一个生命皆为等值。"[8] 他继续发出警告，"一个哲学刽子手和国家恐怖主义的时代"[9] 即将来临。

2. 没有战斗的战争

> 战争的权利，我不知为何。
>
> 谋杀的法则在我看来是古怪的想象。
>
> 我希望很快就能看到对拦路强盗的判例法出现。
>
> ——伏尔泰 [1]

220　　战争法的哲学史上，留下众多关于武器是否合法，以及区分合法武器与非法武器相关标准的讨论。其中一个很经典的讨论是关于毒药的使用：鉴于这是一种凶杀手段，我们是否能将它作为一种战争武器呢？

　　这个问题似乎让胡果·格劳秀斯感到尴尬，他用迂回的方式，分两次进行了回答。一方面，如果我们只是援引"自然法"，一旦我们允许杀人，也就是说从那一刻起，一旦有人该死，那不管使用什么手段，结果才是最重要的。[2] 尽管如此，毒药却造成一个特殊的难题。

221 这种武器太隐秘了。人们无法提防。在敌人不知情的情况下取其性命。在这种情况下，毒药剥夺了人"自卫的自由"[3]。另一方面，正因如此，根据"各国的普通法规定，各国从未允许过人们使用毒药除掉敌人"[4]。

这项禁令的真正动机实际上出于一个很粗浅的事实：如果那些国王认为应当禁止投毒，自然是因为与其他武器不同，这种武器本就是特意针对他们的。[5] 尽管如此，为使这项禁令合理化而提出的标准相当有趣：禁止使用在本质上剥夺敌人自卫自由的武器。

一名法律史学家针对这一文本，给出了一段颇有指导性的评论："我们能够使用毒药吗？格劳秀斯毫不犹豫地回答说，依据自然法，这是合法的：他说只要敌人该死，使用什么方式杀死他又有什么关系呢？同时他又赶紧补充一句，法最终不赞成投毒，并承认使用允许对手自卫的方式杀人更加体面。他本就应该说投毒是违法的。在整个讨论中，让格劳秀斯误入歧途的，是对正义的错误观念。在他看来，战争是一种审判，交战双方就是法官，而战败的一方有罪，理应受死；在此意义上，赐死人的一切方式都是合法的，毒药致苏格拉底死亡，一如一把剑或一根绳；如果有必要，甚至可以借助于刺客……我们拒绝这一信条，因为它既虚假又危险。不，胜利者不是法官，战败者也不是罪犯。战争是一场决斗，对双方必须实行最充分的法律平等。任何一方都不是法官也不是罪犯，或者可以说双方都是法官同时也是罪犯，这是十分荒谬的。因此能否自卫不仅是体面的问题，而是一种权利，任何妨碍行使这项权利的杀戮手段都是非法的。否则决斗和战争都会蜕变为谋杀。"[6]

历史上对于将战争的法律概念化，存在两种截然相反的范式。第一种，具有刑罚性质，将战争等同于合法的惩罚。敌人是有罪的一方，理应受到惩罚。武装暴力就是对他的判决。这样的关系完全是单方面的：认为被判有罪的一方有权利自卫的想法，听上去似乎很荒谬。而第二种，启发了现行法律，相反地，它基于一种双方皆有平等杀人的权利的原则，借由战斗人员拥有法律上的平等的概念，向决斗的模式靠拢（同时不与其混淆）。《战时法》的基础原则，就是战争双方拥有相互残杀的平等权利，且不构成犯罪。

第二种范式，按照笔者的看法，体现了对拥有自卫可能的权利的尊重，虽然不知道这种权利有什么积极的属性，但至少被动地禁止了对事先消除这种可能性的武器的使用。它相当于一种不被剥夺战斗的权利。它无关是否用同等武器进行骑士风度的战斗，而更多是一种让战斗有机会发生的权利。

战争是为数不多可以无罪杀人的行为。它被定义为在某个时刻，在特定条件下，杀人不被定罪，从规范的层面讲，"战争"一词最根本的含义正在于此。一名战斗人员，在杀戮过程中只要遵守《战时法》的条款，就能享有法律豁免。

但这里有一个根本性的问题：到底是武装冲突法的哪一条原则或元原则，使得杀戮合法化？如果人们在战争中"彼此制造伤害和损失，且对此不加追究"，塞缪尔·冯·普芬道夫曾解释道，那是因为人们认为该行为"得到一项默认协议的允许"。[7] 这便是交战双方建立的某种战争契约："那些进行决斗的人之间也存在类似的契约……因为双方都出于明确的目的奔赴这场会面，而其目的就是杀人或被杀。"[8] 这中间当然涉及一种法律的虚构，但法律从本质上讲，就建立在这样的虚构之上。

因此，在战争中不受制裁地进行杀戮的权利，似乎基于一种默认的结构前提：如果一个人有权杀人而不被定罪，那是因为这种权利是双方相互赋予的。如果我同意授予另一个人杀死我的权利而不受制裁，那是因为我希望自己在杀戮时，可以享受同样的豁免。[9] 战争杀戮的无罪化以互惠互利的结构为前提。我们得以杀人是因为我们相互残杀。

这其中包含一个重要的含义：无论最初宣战的正当性为何，也无所谓是否仅保留了对诉诸战争法（*jus ad bellum*）的些许尊重，甚至如果说进攻是"不正义的"（但这又由谁来决定呢？），但交战双方可以平等地享有战时法赋予的权利，以及按照规定相互厮杀的平等

224

权利："战争法保障了每个交战者的法律平等，"一名19世纪的法学家借用了一个经典形象，"对于他们而言，这就像赋予每个单人格斗冠军的武器平等"[10]。若没有平等的武器进行战斗（战争并不是格斗运动），战斗人员之间的平等就体现在相互残杀的对等权利。

但如果事实上，双方权利变得不再对等，会发生什么呢？我们会在实际行动中看到，传统战争中"杀戮与被杀，这种道德风险的基本平等"[11]会被更像是"狩猎游戏"[12]的规则取代。战争逐渐沦为置人于死地。这就是在不对称战争中引入无人机作战后造成的局面。

人们也许会称，即使出现这种状况，双方的权利依然成立。但人们必须承认，这项权利已不再互利对等。如果一项权利只能让交战双方中的一方享受杀人免罪的许可，那这项权利有何意义呢？失去要义的权利，不过是幽灵般的空洞存在，像无人机上无人可瞄准的驾驶舱一样。

在虚伪的良知作用下，单向的武装暴力坚持声称自己进行的是"战争"，但这样的战争已失去战斗。同时它声称自己继续适用于处决和屠杀这些过去为冲突局面伪造的类别。但是在绝对单边的情况下运用战时法的做法，违背了战时法为平等互利关系设计和预备的初衷，不可避免地建立在绝对错误的基础上。

在关于"应用军事伦理（l'éthique militaire appli- 226
quée）"的讨论中，所有讨论都可以缩减到一个问题，就
是武装无人机的使用是否符合武装冲突法的原则：使用
这种武器是否符合，抑或潜在地违背了，区分和对称性
原则。但人们忘记了，这种武器排除了所有作战关系，
使一场本就可能不对称的战争变成一种单方面置人于死
地的关系，在这样的关系里敌人没有任何战斗的机会，
因此这样的战争也就悄然脱离了最初为武装冲突设想的
规范框架。

在不质疑假设的基础上同意进行探讨武装冲突的规
范是否适用于屠杀行为，就等于承认屠杀行为仍在规范
的框架中，这便是认可了一种致命的混淆。如此一来，
战斗的伦理将变成一种夺人性命的死亡伦理，战时法的
原则将被用来证明谋杀的合理性。这是刽子手和行刑者
的伦理，而非战士的伦理。

但从这种现象中我们已经可以看出，战争法理论
当中存在着深刻的危机。这是一种源自元法律本质的困
境，它决定了一旦对等关系失效，杀人无罪的传统基础
也就随之消失了，自此它便沦为号称拥有杀人权的一方 227
用以脱罪的说辞。

在一篇关于"无风险战争悖论"的文章里，保
罗·卡恩（Paul Kahn）警告说，这种形式的"战争"

有可能会破坏杀戮权的传统基础。[13]他认为，人们一旦背离了"共担风险的局面"，或打破了"对等的条件"，战争就不再是战争：它将变成某种超出范围的治安行动。卡恩补充道，在战争中可以不受惩罚地进行杀人的权利，除了建立在对等关系上之外，还源于合法的自卫行为。[14]我们有权在不犯罪的前提下杀人，是因为我们有权在面对迫在眉睫的危险时进行自卫。倘若我们的身体不会遭受危险，这项权利也便自行消失了。

也许没有必要像他一样，通过引入合法自卫的概念来让战争法中的杀戮合法化。如前所述，传统的论点与之不尽相同：凶杀得以免罪的合理依据，至少从传统的某个层面来讲，不在于合法自卫，而在于此前普芬道夫提出的默认协议。从这一角度来看，无罪杀人的权利仅仅建立在相互性和对等性的基础上。但即使在这种极简的模式下，元法律的危机仍然存在：一旦这种对等性沦为形式，无罪杀人的依据也就烟消云散。

在这种情况下，那些空中暗杀权的支持者们将如何维护自己的立场呢？唯一的可能便是颠倒战争法。因为要确立单边谋杀权的合理性，只有一种理论可能：将战时法（*jus in bello*）置于付诸战争法（*jus ad bellum*）之下，对其加以限制，以便以垄断的方式，按照一种治安－刑罚的非常规模式，将无罪杀人的权利赋予"正义的战士"。

这便是斯特劳泽和麦克马汉（McMahan）提出的建议，他们全盘否定了他们称之为"战斗人员道德平等"的论点转而以一种建立在正当理由（*justa causa*）概念上的单边杀人权取而代之："为正义事业而战的战士，在道德上有权取走敌方战士的性命；而不正义的战士，即使他的行为符合战时法的传统原则，他在击杀一名正义战士时也是不合法的。"[15] 我有权杀你，你却无权杀我。为什么？因为我是正义的，你是不正义的。我是好人，你是恶人，只有好人才有权杀死恶人。概括一下，这种理论的幼稚逻辑便一目了然。敌方自然会回应，当然不是了，我才是好人，你才是恶人，因此只有我在事实上有权杀你，因此争到最后，总有一方要占上风，通过武力拿出让人无可辩驳的证据，证明自己才享有这份权利。因为我把你杀了，所以你看我是好人吧。与此相反的论点，即战斗人员在法律上——而不是，让我们强调一下，在"道德上"（这一标准在此根本不适用）——平等的论点，顺便说一句，这一论点是现行武装冲突法的指导原则，它充分注意到正义战争的这一缺陷，并因此赋予了交战各方平等的权利和义务，而不论他们自称的"道德"如何（对此，当然，没有人会怀疑）。

简而言之，无人机的支持者们不仅不满足于剥夺敌方战斗的实际可能，这次还明确要剥夺他们战斗的权利，即使这意味着将法律也一并消灭。不过这种主张至少是前后一致的。沃尔泽警告说："没有了平等的杀戮权，战争就不再受规则的约束，而将被犯罪和惩罚、邪恶阴谋和军事执法所取代。"[16]

230　　这些构成了当前"法律战"（lawfare）[17] 中的蓄意理论攻击，但同时也是隐含在武器事实性中的一种趋势。施米特在他的时代里，就曾准确地指出，空中力量的垂直化将会影响敌人在政治－法律上的分类。他的分析指出，在"自动化空战"[18] 中，"空中的交战方将从根本上断绝与地面上的敌方和居民之间的关系"，这点依然适用于今天的武装无人机："轰炸机和攻击机利用武器从空中垂直向下，打击地面的敌国，就好像圣乔治用武力对抗恶龙。如今，战争被转化成针对闹事者、罪犯、社会害虫的一项警察行动，因此必须增强这种警察式轰炸法的正当性。这种情况迫使我们将对对手的歧视推向极致。"武装暴力的垂直化，往往意味着在政治上和法律上对敌人的绝对仇视。无论从任何意义上讲，敌人都不再与自己处于同一层面。[19]

3. 杀人执照

如果你做一件事的时间足够长，世界最终
会接受它。……国际法就是在违反中不断
完善的。我们发明了定点暗杀的理论，就
必须把它强加给世界。

——丹尼尔·赖斯纳（Daniel Reisner），
以色列国防军法律部前部长 [1]

今天的无人机打击是在何种法律框架下进行的？就 231
美国而言，根本说不清楚。一切都晦暗不明。美国当局
即使在法庭上，也拒绝回答这一问题。[2] 美国国务院法
律顾问哈罗德·科赫（Harold Koh），于 2010 年在美国
国际法协会（American Society of International Law）上
发表的一次演讲，可以很好地体现出这种经过算计的隐
晦。他就像跳肚皮舞，一边保持含混不清，一边来回切
换表达方式，有时将它们一起使用，有时又依照次序轮
换使用，但始终没有做出任何决定，就好像他一定要把 232
最终决定保留到最后。无论如何，他申明，无人机打击
都是合法的，无论是在"武装冲突中，还是在合法的自

卫反击中"[3]，但他没有明确解释，美国究竟认为自己处在哪种状况，以及在两种不同的状况下，使用致命武力的法律标准究竟有何不同。

联合国法外处决问题特别报告员菲利普·阿尔斯通（Philip Alston）指出："他这话说得过于随意，大致意思就是，好吧，我们的行为要么适用于武装冲突法，要么适用于国家自卫权的相关规则。但这两套规则根本就风马牛不相及。"[4]

这种极为艺术的隐晦也让许多法学家摸不着头脑。[5] 他们告知政治家们：战争还是自卫，你必须做出选择。但如果政府当局拒绝这样做，那是因为消除参考框架相关的模糊性，会令目前的无人机打击终止，或令其合法性大打折扣。

问题在于，无人机打击很难被纳入既定的法律框架内。要想从法律上证明其正当性，有且只有两种可能：通过武装冲突法，或通过"执法"[6]（Law Enforcement，可以粗略地理解为与警察相关的法律行动，但也可以延伸至"在暴力尚未达到武装冲突门槛的情况下军事和安全部队所采取的行动"[7]）。

要初步了解这两者之间的区别，必须考虑在使用致命武力时，一个战士在战场上的特权和一名警官在巡逻时的特权之间有何区别。前者可以对着任何合法的军事目标"开枪杀人"而不受惩罚，但警方只有在万不得已的情况下才能开枪，而且只能用以应对迫在眉睫的威胁。

让我们对上述两点进行更加详尽地分析：

1）首先，如果将猎杀型无人机用作"执法"的武器会怎样？在执法过程中，首先应当擒拿个人，并给他投降的机会，甚至在可能的情况下鼓励他投降。当局"不能使用超出绝对必要的武力，来实施逮捕、保护自己或保护他人免受攻击"[8]。致命武力的使用属于例外情况：致命武力只有在面对"即时的、压倒性的、令人措手不及且无回旋余地的情况下"[9]方可使用。违反上述条件使用的致命武力，"在定义上都被视为'法外处决'"[10]。

如果无人机打击是在这个法律框架内发生的，那么声称一切努力都是为了"将附带伤害降到最低"[11]的说法就毫无分量可言。这就好比一个无故杀人的警察，为了逃避罪责，声称他非常谨慎地遵守了武装冲突法中的区分和相称原则。这将是一次纯粹的错误归类。

鉴于无人机在武力使用上无法分级，因此不适用于"执法"模式中十分特别的相称原则。正如玛丽·奥康奈尔（Mary O'Connell）解释的："遵守警察关于战场外使用致命武力的规定，是无人机做不到的。在'执法'

过程中，使用致命武力前必须先发出警告。"[12]

有部分支持者认为，无人机类似于警察部队装备的防弹背心[13]，是保护国家警察的有效手段，且完全合法。或许是这样，但他们忘了一个关键的差别：防弹背心不妨碍警察逮捕犯人。但猎杀型的无人机没有逮捕这个选项，只能做出两极化的选择：开枪杀人，或不采取任何行动。这种武器令致命武力成为唯一可行的选择。这一能力的缺陷正凸显了无人机与"抓捕不如斩草除根"这一原则之间的相似性，而这一原则如今被白宫正式作为官方政策：《纽约时报》分析指出，"奥巴马为了避免与拘留相关的复杂问题，实际上决定了不关押任何活着的囚犯。"[14]在这个意义上，无人机简直是梦寐以求的工具。人们可以在事后说，用这种方式进行抓捕是"不可行的"，却忘了这种技术上的不可能根本就是事先故意安排的。小标题甚至可以叫作"用捕食者无人机替换关塔那摩"……

2）第一条路堵死了，我们还可以尝试替补计划：人们可以说，无人机打击属于战争法的范畴。"当然，从法律公关的角度讲，这么听上去好多了，"安德森戏谑地说，"就是将打击的目标说成是'战斗人员'。但历届政府似乎忽略了一个问题，定义武装冲突的……战争法条约，实际上在法律条款生效之前，有必须满足的条件并必须达到的门槛"——这些条件要求，在与一个非国家行为体发生武装冲突的时候，"战斗必须是持续不断，而且必须有一个战斗区域，这个区域即使在不严格的定义下，也不能是整个地球"[15]。

此外还有一个问题：一些操纵美国无人机的中情局特工实为平民身份，他们对于武装冲突的参与构成了战争罪。在此框架下，机构的工作人员"可以被任何国家的国内法以谋杀罪起诉，因其操控无人机参与在该国境内的定点清除"[16]。

简而言之，上述两种试图证明无人机合法性的路径都宣告此路不通：1. 如果将无人机打击划分至"执法"范畴，打击就必须遵循执法限制，包括武力使用的等级要求，而无人机对此无能为力；2. 如果将其划分至战争法的范畴，就不适用于武装冲突以外的地区，比如巴基斯坦和也门，但无人机打击此时正在那里进行。

我们因此更好地理解了美国政府为何如此尴尬的沉默。美国当局事实上已陷入一个令其坐立不安的法律困境："一方面，凡是处在武装冲突之外的定点清除，都是法律禁止的；另一方面，在实践中，即使是在所谓与基地组织的'战争'下，使用定点清除也是不允许的。"[17]

肯尼思·安德森（Kenneth Anderson）是胡佛研究

所的合作法学家，也是空中暗杀的强力支持者，他为这种现状感到担忧。他分析认为，如果现在不制定一套恰当的法律学说，定点清除将在实践中很快受到限制。在他看来，美国行政当局迫切需要"直面这个问题，趁这一领域目前还有智力和法律的运作空间"[18]。

只要政治暗杀行动保持隐秘，解决其法律框架的问题就不是当务之急。但无人机打击如今已是公开的秘密，被暴露在光天化日之下后，这个问题就变得异常脆弱，尤其在当今世界"公众认知至关重要，而好战分子、政府和国际组织都在对公众认知施加层层叠加的复杂影响"[19]。

他提出一个解决方案，就是构建第三种法律路径。通过为此类致命行动设立一个全新的特别法制度，来避免二元化的法律规范：他将其称之为"裸自卫"（l'autodéfense nue）——裸是因为它摆脱了通常的法律束缚。安德森提出一个关于国家自卫的普通法概念，基于国家传统的先例[20]——也就是密探、"黑色行动"（black ops）、"技术顾问"、敢死队和酷刑教官的传统。他建议，既然这些历时久远的秘密行动都被给予了荣誉表彰，那很简单，无人机也应当得到官方认可。

他的参考依据来自上世纪80年代末，国务院前法律顾问亚伯拉罕·索费尔（Abraham Sofaer）阐明的理论:"合法自卫下的定点清除,"他写道,"被联邦政府确认,不属于暗杀禁令的范畴。"[21] 明白地说:如果定点清除不是犯罪,那是因为政府告诉你是这样。

于是乎,在战争与治安之间便诞生了这样一个神奇的法律混合体,它可以享受两种规章制度的自由,却不需要遵守任何一种制度的约束。如此一来,军事化的猎杀人类终于以一种全球化的致命治安权为形式,找到了它恰当的法律表达。美国政府因此获得了"在全球范围内,在目标所在的地方发动进攻的自由裁量权,而无需声称全世界都处于所谓持续的武装冲突状态"[22]。真是一个漂亮的解决方案,而菲利普·阿尔斯通称其为:"杀人执照"[23]。

倘若安德森的立场有什么启发性,那就是它不仅揭露了无人机政策在法律上的脆弱性,同时也暴露了一些政府官员内心与日俱增的不安:"据我所知,中情局的中层官员已经对此产生怀疑——他们发现整件事正向着"9·11"后拘留和审讯的发展方向转变……人权战士们很希望让无人机打击在法律层面上,像拘留和审讯一样变得不确定。"不过,"在不确定性这个问题上,不需要太多东西,至少按照我的经验……只要在西班牙或其他司法管辖区有被起诉或逮捕的可能性……就能促使美国方面的人员改变态度"[24]。智者一言已足。

V 政治身体

1. 战争如在和平中

> 一旦人民的安全需要保护，
>
> 主权者就会宣战以保全人们的生命。
>
> 开战吧！但战争为什么能保全人的生命呢，
>
> 它本是用来摧毁生命的，
>
> 至少在战争中死亡是不可避免的！
>
> 这是多么神奇的事情，
>
> 乍一看简直不可理喻！
>
> ——阿贝·乔利（Abbé Joly）[1]

武装无人机的发明不但催生了一种令人恐惧的武器，同时还带来了一些别的东西，不过我们当初并没有意识到，几乎是在不经意间发现的：17 世纪以来，政治主权在理论和实践上的紧张关系不断加剧，而无人机的出现提供了一种技术解决方案。现在我希望全面检视一下这场无声的革命。因此我们要探讨的不是无人机作为一种新型武器，如何改变了武装暴力的形态，以及如何从不同方面改变了我们与敌人的关系。我们要探讨的是，无人机如何改变了国家与人民之间的关系。为此，我们要特意绕道，了解一下政治哲学史的相关内容。

按照社会契约论的说法，人们组成政治社会或建立国家，首先是为了保全自己的生命。然而，主权者握有他们的生杀大权，据此可以命令他们在战场上抛头颅洒热血。政治主权理论的困境就在于主权在两个原则上的背离：保护人民生命的基本义务，和让他们赴死的支配性权利。[2] 因此，主权就好像患上了多重人格综合征。在和平和战争的不同状态下，主权与人民之间的关系会经历彻头彻尾的变化。

两者的关系呈现出两种不同的模式。第一种模式对应主权所谓"正常"的状态，即提供安全和保护的主权，也可以称为保护权（*protectorat*）。政治权威是由霍布斯称为"保护和服从之间的相互关系"[3] 构成的。主权者保护我，也因为他保护我，他有权要求我顺服他。施米特将其浓缩成一个公式："庇护故臣服"（protego ergo obligo）[4]。保护能力是指挥权利的基础。政治关系表现为一种交换：只要主权者的庇护向下抵达臣民，臣民就向上顺服主权者。这种双向箭头正是合法政治权威的特征，与其他的权力关系不同，这不是一种单边关系，只要求顺从不提供保护。

但如果国家进入战争状态又会发生什么呢？霍布

斯接着写道:"根据自然之理说来，每一个人在战争中对于和平时期内保卫自己的权力当局应当尽力加以保卫。"[5] 保护的关系就调转过来了。在和平时期，主权者保护我，在战争中，我保护主权者。这是一种保护关系的逆转现象。在这种新的模式下，两个箭头都朝向一个方向，由臣民指向主权者。现在，当由受保护者保护不再提供保护的保护者。一旦战争爆发，主权的格言便不再是，或至少不再直接是"庇护故臣服"，而是逆转为:"臣服故庇护"(*obligo ergo protegor*)。这种对施米特格言的颠覆正揭露了政治统治的隐藏原则，而战争将其暴露在光天化日之下。在"我保护你，因此你必须臣服于我"这一表面文字之下，还隐藏着另一层含义:"你必须臣服我，使我得到保护"，即使我无法再保护你免受任何伤害，尤其是来自我自己的伤害。由于这一解释上的大逆转，所有针对保护性权力的批判性理论应运而生。

但如果我们坚持社会契约论的哲学理论，就会很快发现其面临的困境。当臣民的生命因战争而处于危险时，主权者就不再保护臣民了，那臣民的服从义务又基于什么呢?

其中一个答案如是说，当人们保护一个垮台的保护者时，他们致力于保护的正是作为政治社会最初目的而建立起来的保护的可能性。[6] 于是历史上，一种关于牺牲的辩证法粉墨登场，按照卢梭的说法，"谁要达到目的也就要拥有手段，而手段则是和某些冒险，甚至于是和某些牺牲分不开的"。[7] 对生命的保护远非让它远离危险，反倒催生出一种保护的债务或生命的债务，是人一出生就已签订，而保护性主权者在需要的情况下，随时可以兑现。你不是先有生命才有国家，你的生命也不能逃避国家的掌控：恰恰相反，你的生命是国家的产物，国家只是在特定条件下赠与你而已。[8]

尽管有上述答案，保护性主权和战争主权之间的关系仍然是现代政治哲学必须背负的十字架。鉴于这种关系的紧张程度，黑格尔本人拒绝将其辩证化。声称牺牲这些生命是出于保护这些生命的义务，在黑格尔看来不仅是不可接受的诡辩，也是一种"很误谬的计算"。问题不在于这种牺牲是否是合理的——它是合理的，而在于一旦将保护生命的原则确立为国家权力的重要基础，这种牺牲仍然合理吗，因为"这种安全不可能通过牺牲应获得安全的东西而达到；情形刚好相反"[9]。这种在表述上不可接受的矛盾，在黑格尔看来，正表明安全国家理论是完全错误的。若国家唯一的职能只在确保"人民和财产的安全"，那就是对国家目标和国家本身意义的误解。要抓住其实质，相反我们必须吞下这枚苦果：将生命置于死地并不是对国家理性的背离，恰恰相反，国家理性正是在这个偶然时刻才绽放出它全部的光辉，因为它的真相，恰恰不在于作为经济－生物概念的生命的繁衍，而像自由一样，存在于对死亡的对抗中；也不是为了保护敏感的生命，而是为了否定生命，并为了更高的目标而牺牲它。

一个国家按照它被削弱的、倾向于自由和安全的定义来看，更像是市民社会的保镖，这样的国家怎么能号召人民为战争牺牲，而不自相矛盾呢？黑格尔告诉我们，它不能。由此，我们便得出一个与勒特韦克曾提出的"后英雄时代的矛盾"截然不同的观点：如果自由民主国家发展出一种"对死亡的嫌恶"，并不是因为他们赋予了公民生命过高的价值，而是因为他们除了关于生命是什么这一极度贫乏的概念，已经一无所有，根据这一概念，不惜一切代价保卫肉体生命比捍卫更优越的道德和政治生活更重要。

但事情反过来无疑也说得通：因为尽管黑格尔不乐意，但如果一个自由的安全国家有办法摆脱战争牺牲，就可以宣称自己在没有明显矛盾的情况下实现了所宣布的计划。而正是这一点令武装部队的无人机化成为趋势。我们由此便抓住了政治利害的关键：国家主权遵守自由安全目标的限制，同时维护发动战争的特权；既能

宣战，又不造成牺牲；在安全保护主权的国内政治条件 249
下，自由行使发动战争的主权；消除矛盾；由于第二种
模式造成太多问题，使官方政治关系颠倒黑白、单边倾
向变得过于明显，故而从图上彻底删除；不管在战争中
还是在和平时，都能对内行使权力。

此外，还有一些东西往往会因此而失效：一些针对
战争权力的批判模式，它们也是基于这种根本的矛盾而
产生，并一直延续到今天。

某些思潮利用这种政治紧张的局势，根据它和它的
弱点，构建起旨在限制"战争之王"（roi de guerre）决
策自主权的话语策略。

主权者应该在何种范围内行使这种战争权呢？最
重要的限制策略是在政治经济领域。首先人口是一种财
富，一种不可浪费的活的财富。有关战争的争论与税收
方面的争论不谋而合：不应过度征税，应严格按照公共
需求分摊税务负担。[10] 同样，在生命的支出上也要遵循 250
节俭的原则。与邪恶的君主不同，他们为了个人无谓的
虚荣，轻易就牺牲"臣民的鲜血和财富"，这里必须再
次指出，"人民的鲜血只能在极端情况下，在拯救人民
自己时才能泼洒"[11]。对战争主权的合法行使，必须严格
遵守必要性原则。

第二种主要的批判模式涉及法律哲学。康德问道，国家有什么权利利用自己的臣民、他们的财产、他们的生命来发动战争？[12]

康德最先给出的答案，无疑与主权者的意识有关，他们误以为自己像养鸡或牧羊的畜养者一样"可以使用、消耗和吃掉（宰杀）这些人的制品，关于国家中的最高权力亦即统治者，似乎也可以说，他有权带领他的臣民（大部分是他自己的作品）参加战争，就像是去狩猎一样，有权带领他们去参加一场野战，就像是去参加一次娱乐聚会一样"[13]。

在这种动物政治的主权观下，财产的所有关系与牲畜的牧养关系相互交织。战争权作为一种政治权利，在这种情况下被视为财产所有者的权利，按照其传统属性，所有者被允许使用或滥用其财产。战争权也可以被视为畜养者-生产者更具体的一种权利，按照康德的说法，在这种视角下，权力的主体正是财富的产物：牲畜当然不是畜养者生出来的，但是畜养者为牲畜提供适宜的家养条件，使其得以生长和繁殖。因此如果一个畜养者-主权者可以随意将牲畜送进屠宰场，是因为牲畜可以算是一种活制品。

康德认为专横的动物政治主权与公民身份原则决然对立[14]：只有在公民通过共和国投票表示"自由赞同"

意见，主权者才能发动战争[15]。如果说在这件事上公民有发言权，并不是因为通常都由他们做出决定，而是因为这次是他们的生命和肉体将被暴露在死亡或受伤的风险下。这里勾画出一个非常重要的概念：某种政治主观的形态，与战争主权相对立；我将其称之为活人的公民身份，或有命可舍的公民身份。他们在这样的决定中有发声的权利，因为他们有可能因这一决定而丧命。因为战争主权让臣民的生命受到威胁，而活着的公民，要求对这种可能伤害或杀死他们的权力进行某种程度的控制。正因为这种权力可以摧毁我们，我们必须拥有控制它的权力。这又一次反转了构成战争主权的关系模式。在共和国的语境下，正如康德在战争权问题上所指出的，"我们或许可以从统治者对人民的义务引申出这种法权（而不是相反）"。[16] 义务关系被颠倒了。在战争主权最初的定义里，施米特直接从附庸关系中借用概念，将它作为一种先验政治原则普及化，保护性主权者宣称："我保护，因此我命令"，而共和国的公民如今与康德一同回复："你是主权者，你让我以身犯险，因此你必须服从我。"

所有的保护力量都需要它所保护的人脆弱不堪——以至于像所有诈骗者所知晓的，到了积极维持其脆弱状态的地步。[17] 保护性主权的言论，首先假定本体论上的

252

脆弱性是其臣民的初始特征，而与之不同的是，当下的批评言论则以政治的脆弱性为出发点，因为权力要求臣民以身犯险，就决定了权力被批评和限制的可能性。被保护者的脆弱性本是其受保护的基本条件，却在政治层面被扭曲，被富有破坏性的主权积极利用，并作为限制性原则使后者受到反对。活着的公民们面对主权对自己身体和生命的无条件征用，大声疾呼：我们不会去做的，我们不想为此而死，不想为了这场战争，不想为了那场战斗，因为它不是我们的。

　　这种生命可以被暴露在危险中的公民权，构成了民主批判战争权时重要但并不唯一的基石。这种对战争权的民主批判，不但建立在康德所预见的制度，即选举制度上，而且是 20 世纪反战运动中，议会外动员的媒介。然而，武装部队的无人化，令国民生命在军事暴露面前的风险降到了零，在某种程度上削弱了这种批评的声音。然而"对死亡的嫌恶"并不是唯一可能的动机，而成本／收益的计算也不是在批判国家暴力时唯一相关的合理问题。

2. 民主军国主义

我们不愿上战场，

但如果一定要开战，奉上帝的名，

我们要待在温暖的家里，

让我们老实的印度人去打吧。

——英国歌曲，1878 年 [1]

鉴于主权者从不让自己在战争中身处险境，甚至
"为了微不足道的理由开战，就好像决定一项消遣" [2]，
或者如康德所说，像是一场狩猎游戏。狩猎战争的定义
不单只限定在敌我之间的特定关系上，也在于更早的阶
段，当决策者决定开战时就明白，自己的生命不会受到
威胁。

在共和国政体下，情况就大不相同了：因为"开战
的决定需要得到公民同意，……他们在决定是否参与这
场过分危险的游戏时会反复斟酌，这再自然不过了，因
为战争带来的所有不幸都要由他们自己来承受" [3]。当决
策的成本由决策者承担时，利益会迫使他慎重定夺。这
里又涉及一个和平主义的计策：通过遵守政治法（droit

politique）的基本原则，并通过选择共和国体制，人们建立起一套决策机制，并让多重考量在机制内相互牵制，限制甚至排除战争的发生。政治经济从外部对战争主权进行限制的原则被无意识地镶嵌在这一政体运作的方式中。康德称这种政体是共和政体，而今天人们仓促地称之为"民主"，其本质似乎是趋向和平的政体。

值得注意的是，康德的这段文字于 20 世纪 90 年被美国政治学重新发现。尽管 20 世纪，人们经历了血淋淋的惨痛教训（从第一次世界大战开始），但还是从中得出一个乐观的理论"民主和平主义"。将这名来自柯尼斯堡的德国人的话，用理性选择理论中最通俗的经济学词汇翻译出来就是：一名独裁者可以外包战争成本，同时攫取所有利益，而在民主体制下的公民，则需要同时考量利益和成本。公民选民在战争中的人力和财力成本内部化，将间接造成政治领导人相应的选举成本内部化，因此民主国家倾向于避免诉诸武力，甚至完全排除动用武装力量的可能，除非遇到不可抗力。

当代美国政治学家们惊讶地发现，一个 18 世纪的哲学家似乎就美国在越战后的局势给出了一个合理的解释。在人们看来，美国可以说是民主国家（或被康德称为共和国）的代表，那康德的预言选择通过美国来实现就不那么让人惊讶了。

但在康德认定能看到希望的地方，一些美国政治学家却视其为令人不安的征兆。马德琳·奥尔布赖特（Madeleine Albright）曾因五角大楼不愿在波斯尼亚部署地面部队而大为光火，她尖刻地质问科林·鲍威尔："这武装力量再厉害，如果永远都不派遣又有什么用呢？"[4]

人们以为，民主制度最终捆住了军队的手脚，为此我们迫切需要寻找一条出路。

幸运的是，康德在他的假设里忽略了一个场景：如果我们找到一种方法，用其他战争工具替代公民－士兵，情况又会如何？这种意想不到的选择，就是通过替换来留存。

在19世纪末，这种方法就被尝试过了，尽管手段十分粗鄙。英帝国主义的激烈抨击者霍布森曾在1902年解释道，议会和殖民政权用极少的代价就能摆脱"军国主义的困境"。要实现保卫、扩张帝国的目的，或者要镇压威胁到帝国统治的叛乱，与其将本国国民的生命献上帝国的祭坛，不如将这肮脏的工作交给土著居民的军队。拉"老实的印度人"来垫背，英国的平民阶层就能逃避残酷的征兵制度。将负重压在"劣等种族"的脊背上，"新帝国主义"在本土实现了阶级的妥协——这带来一项额外的好处，即基本上消除了公众内部对殖民冒险的争议。

但与霍布森的警告相伴的还有另一种政治风险："尽管军国主义的负担在国内居民身上减轻了，但战争的风险提高了，由于英国人的生命很少受到波及，战争会愈加频繁和凶残。"[5] 简而言之，正如索尔兹伯里勋爵（Lord Salisbury）在几年前提出的那样，印度就好比大不列颠在"东方海洋上的兵营，我们可以从中抽调任何数量的军队，而无需付出任何代价"，但这是相当糟糕的政策，因为这样就无法抑制"发动小规模战争的诱惑，而只有付出代价才能抑制这种诱惑"[6]。

对于一国的公民而言，一旦战争的代价向外转移，同样的理论模式此前宣告了民主和平主义的来临，如今却预言了它的对立面：民主军国主义[7]。公民们一旦免除了战争造成的生命代价，会在是否同意或拒绝发动战争的决策上，采取与轻率的战争主权者大致相同的立场，康德谴责他们的轻率造成了致命的后果。而对于领导者而言，他们终于得以自由地施展拳脚。

摆脱了动员战斗人员的束缚后，主权者就可以做康德想要避免的事情："打仗就像去狩猎一样，就像是去参加一次娱乐聚会一样。"[8] 战争变得像幽灵一样，且遥不可及，公民们不再为此遭受生命危险，甚至不再对此有发言权。无论这种危险是转移到殖民地的土著居民身

258

上还是机器身上，霍布森的教训始终有其价值。武装部队的无人化，就像所有向外转移风险的手段一样，改变了战争决策的条件。使用武装暴力的门槛被大大降低，而诉诸武力成为一国对外政策的默认选项。

我们今天能从一系列用自由主义观点批判无人机的作家著作中，看到霍布森反帝国主义论证的现代版，这些著作还使用了经济决策的理论作为论证依据。假设民主制度的代理人是一个理性的人，这种"低成本"的武器会对他的考量造成怎样的影响呢？

最主要的影响就是使他的决策发生重大偏颇。代理人为了减少自己或自己阵营面临的风险，会倾向于采用更加危险的行动，这种危险是针对别人而言。从保险合理性理论的框架来看，无人机似乎是一种典型的道德风险（moral hazard），在这种情况下代理人们既无需承担风险，也无需为自己不负责任的决策付出代价。[9]

还有更精确地解释表明，无人机的成本与武装部队的传统支出相比，发生了三重削减：与国民生命相关的政治成本削减了，与武器装备相关的经济成本削减了，与实施暴力造成的预期影响相关的道德和名誉成本削减了。[10]

最后一点至关重要。关于无人机死亡伦理的论述有何意图？正是为了削减使用无人机的名誉成本。这也正是它在战争的政治经济学中所具备的战略意义。这种武器越"合乎道德",其社会接受度就越高,我们就越好使用它。但这一评述恰恰指出上述论述中,两个新的反驳意见。

第一个反驳意见是这种有条件的比较事实上无效:人们声称使用无人机是合理的,因为无人机比起其他武器造成的附带伤亡更少。但这一论点成立的前提是要有比较,也就是说"其他武器"确实被使用过,而武装行动无论如何都会发生,只是选用的武器不同。而这正是无人机"低成本"的道德风险令人生疑的地方。这里存在一种诡辩,即人们认定其他武器比无人机造成的附带伤亡更大,因此为了避免使用它们时产生的高昂声誉成本,这些武器压根就没有被使用过。换一种说法,在道德风险存在的情况下,军事行动很可能因为它能以极低的成本发动,而被认为是"有必要的"[11]。在这类情况下声称无人机造成的附带伤亡更少,明显是带有谬误的:正如哈蒙德总结的,受害的平民数量"若与没有无人机袭击相比,显然没有更少,因为没有无人机袭击,平民的死亡人数将是零"[12]。

第二个反驳意见是"较小之恶"的累积效应。埃亚勒·魏茨曼指出:"即使从核算成本与利润的经济学角度来看,较小之恶也会造成反作用:一些相对温和的措施会更容易被采用、接纳和容忍，因此也会更加经常被使用，其结果就是较小之恶不断积累最终酿成大害。"[13]无人机号称每一次袭击都能减少平民伤亡，虽然单位的名誉成本削减了，但总产量却增加了。换一种说法，就好比只见树木不见森林，树木就是外科手术式打击，背后掩藏了一片布满坟冢的森林。

　　道德风险还会造成另一种恶劣的影响，这次纯粹发生在军事层面。我们看到，无人机作为地面部队非常 262 不完善的替代品，在单独使用时对反叛乱战略产生了极大的反作用。但既然如此，为何我们还要使用无人机呢？从经济逻辑上可以解释这种明显的不一致。卡弗利（Caverley）认为，"低成本"的武器有力地促进了高度资本化的武装部队用其取代军人的工作（用大白话说：用设备取代人），即使在这种替代的有效性很低的时候（用大白话说：当机器的表现不如士兵的时候），因为通过这种方式战斗，虽然胜利的概率降低了，但被成本的大幅降低抵消了。使用这种次优的方式，虽然损害了军事效率但成本十分低廉。

　　但除此之外，还有别的选择吗？阿米泰·埃齐奥尼（Amitai Etzioni）作为无人机狂热的支持者，提出疑问："难道我们或阿富汗、巴基斯坦的人民——或者既然说到这儿了，还有恐怖分子们——死在近距离的战斗中会更好吗？难道非要被特种部队用刀划开，把血溅到他们脸上吗？"[14] 对此，本杰明·弗里德曼（Benjamin Friedman）回应说："事实上，确实如此。理由是，当我们预计军队将付出更多代价时，我们会对致命行动作出更谨慎的判断。免费的战争……很可能成为愚蠢的战争。但这并不表示我们故意要将军队置于危险的境地，让他们冒着生命危险，只为了增加我们论点的份量。我们应当担心的是，由于看不到任何明确的后果会致使我们轻易轰炸平民。降低成本会增加需求，这不是流行社会学告诉我们的，而是正统的价格理论。"[15] 经济人（*Homo economicus*）走向战场，并一路驳斥无人机。

***

但如果我们改变自己的理论视角，从正统经济学的视角转为分析阶级关系的视角，这种现象就会呈现出另一种面貌。资本替代军事行动的结果，不仅扰乱了民主主权在政治计算时的条件，从更根本的意义上讲，让国家机器在社会和物质上的独立性增强了。贝弗利·西尔弗（Beverly Silver）对这一历史进程进行了概述。

她解释说[16]，在 1970 年代之前盛行的模式中，战争的工业化，加上人数的重要性、工人阶级的中心地位和大规模的持续征兵，令西方领导人在行使军事权力时必须高度依赖于社会。

越南危机让这种依赖关系所有的潜在政治风险都暴露出来。美国的统治阶级开始意识到，一场不受欢迎的帝国主义战争可能引发动力何其强大的社会激进风潮。他们还看到反战运动引发出怎样爆炸性的协同作用，极大地搅动了同一时期美国社会的其他社会运动。

缴械投降是第一个答案：对公民权利运动和工会的要求作出让步。但这场复合型的危机也导致了战略上的大幅转变。人们开始加快已在进程中的"战争模式"[17]转型。新战略提升了资本密集型战争的分量：与征兵模式彻底决裂，越来越多地使用私人承包商的服务，研制先进的远程战争武器。旧的"公民军队"模式日渐衰萎，取而代之的是市场军队模式。[18]

这种转变的关键，从根本上讲是经济上的，因为很显然，"随着军事资本化的深入，征兵和伤亡出现的可能性越来越小，军备和战争变得更多是一种财政动员，而非社会动员"[19]。但这种资本化的动力自然与政治选择紧密相关，而这些政治选择又与军事工业联合企业的利益交织在一起。尼古拉斯·舍尔尼希（Niklas Schörnig）和亚历山大·莱姆克（Alexander Lembcke）就证明了，

265

"零伤亡"的道德和政治话语是如何被军工产业大力宣扬和传播的。[20]2002 年一则波音 X-45A 的广告宣称，多亏了我们新型的无人战斗机，"机组人员再也不必以身犯险完成最危险的任务了"[21]。军工业的当务之急是出售新武器，政客的当务之急是维护选举资本——两项当务之急相互交叠，相辅相成。

　　西尔弗解释说，战争模式转变产生的结构性影响是，减少了国家机器对军事劳动的物质依赖，从而也减少了国家机器对构成军事劳动力的群体的社会依赖："如此一来，情况发生了逆转，工人和公民在国家面前讨价还价的能力原本正在日渐增长，这本是 20 世纪帝国间竞争和冷战下不经意间产生的副产品，但此时这一增长被逆转，一同被逆转的还有许多已取得的经济和社会优势。"[22]

　　事实上，与"民主和平主义"理论的乐观主张相反，战争决策中涉及民众生命安全的考量，远不能阻止军事屠杀的发生。但是，如果说这种抗议的手段在历史上未能阻止灾难的发生，其影响也远非毫无效果。战争主权对人类身体的依赖，使得平民阶层得以在此基础上，连同其他因素，与主权建立社会力量的持续关系。福利国家在一定程度上是世界大战的产物，是对炮灰支付的代价，和在战斗中抛洒的血汗税的补偿。这部分隐含"支出"也是"政策制定者"在计算武器成本时要考虑在内的。

福利国家的历史与战争国家的历史彼此交织在一起。正如芭芭拉·埃伦赖希（Barbara Ehrenreich）[23]解释的："现代福利社会也许并不完善，但它很大程度上算是战争的产物——换句话说，就是各国政府采取措施，安抚士兵和家人们在战争中所做的贡献。比如在美国，内战催生了"寡妇养恤金"的设立，即家庭和儿童社会援助的前身……几代人之后，在2010年，美国教育部长在报告中指出，'如今年龄在17岁到24岁的美国年轻人当中，有75%的人无法参军，因为他们不是没有从高中毕业，就是有犯罪记录，或者身体素质不过关'。当一个国家培养不出足够多适合服兵役的年轻人时，这个国家只有两个选择：它可以像一些著名的退役将军倡导的那样，对'人力资本'进行再投资，特别是在穷人的健康和教育上；或者它可以重新评估其战争方式……战争的另一种方式就是彻底消除或大幅减少军队对各种人的依赖。"[24]如今是第二种方式开始占上风。无人机化的挑战在于如何协调国家福利制度的消亡和武装力量的维持。由此我们开始理解，"零伤亡"和绝对保护国民生命的承诺下，到底掩藏着什么……

表面上看，无人机似乎是保护性主权话语里核心矛盾的解决方案。在不危及本国人民生命的情况下发动战争。保存而无需损失。永远提供保护。但坏消息是：保护国民生命的承诺与大部分国民的社会脆弱性并不矛盾，反而令他们的处境更加危险。

3. 战斗者的本质

> 战斗是一回事，杀人是另一回事。
>
> 这样杀了他就是谋杀。
>
> ……
>
> 听着，我可不会向这样单独的一个人开枪。
>
> 你会吗？
>
> ——埃米利奥·卢苏（Emilio Lussu）[1]

黑格尔说过，武器"不是别的，只是斗争者自身的 ²⁶⁹ 本质；而这种本质，仅只对斗争者双方相互呈现"[2]。如果武器千真万确是斗争者自身的本质，那靠无人机作战的人的本质是什么？

我是我的武器。这是一个反直觉的论点。它与工具主义的概念背道而驰：它否认主体的性质独立于其行动手段，恰恰相反，它认为两者在本质上是相同的。倘若如此，我的本质，比如说我的意图或目的，就不可能与我为实现这些意图和目的而使用的手段分开。从道德的 ²⁷⁰ 角度讲，我所用武器的性质，表达并定义了我是谁。武器的选择之所以重要，是因为它从根本上影响了我们是谁——我们是否会因这一选择失去我们的灵魂或本质。

但黑格尔补充道，这一本质"仅只对斗争者双方相互呈现"：要明白我作为斗争者是怎样的人，只是挥舞武器是不够的，我还必须知道成为武器的客体是什么感觉。暴力主体只有在与对手武器面对面的时候，才能抓住自己的本质。

然而，当我们面对无人机的时候，这一小小的现象学机制就彻底失灵了。这就涉及至少两个原因。首先这一武器令"斗争者"免于战斗：那么这种武器要构成谁的本质呢？其次，这种武器剥夺了暴力主体与自身暴力任何可见或反射性的接触：如果武装主体只能通过"相互呈现"的方式才能抓住自己的本质，倘若武器本身排除了这种相互关系的可能性，会发生什么呢？

答案很简单："他们想把人变成杀人犯"——据西摩·赫什称，这是一位高级官员提到国防部长唐纳德·拉姆斯菲尔德在"9·11"事件后宣布的美国武装部队计划时，发自内心的呐喊。[3]

"所有方式的保卫对于一个被攻打的国家都是允许的，"康德在《法权学说》中写道，"只是不允许使用会使该国的臣民不能成为国家公民的手段……这些不合法的手段包括：利用自己的臣民……作为刺客、投毒者

(那些在埋伏处伏击单个人的所谓狙击手也完全可以归入这一类)。"[4]

康德在这里阐述的政治法的理论原则表明，一个国家不能让它的臣民做什么，特别是当臣民获得公民身份的时候。命令它的士兵去刺杀一名敌人，而对方在战斗开始之前已经失去了一切反击的机会，这是公民身份原则所不允许的。这里隐含的意思便是，国家能让臣民做什么，受制于这种行为会让臣民变成什么人。也就是说，国家让我们做什么，就让我们变成什么样的人。但某些身份的转变是被禁止的。康德认为，国家没有权利将自己的公民变成刺客。变成战士可以，变成刺客不行。

同样的拒绝，我们还可以通过另一种哲学路径来探讨，这种方式不是法律政治意义上的，在准确意义上，我们会看到，甚至不是"伦理上的"——至少不符合当代"应用伦理学"的含义。

故事还是大致相同：一名士兵瞄准对方战斗人员，但就在他要扣动扳机的时候，有什么阻止了他，阻止他的通常是一个细节、一个姿势、一个手势、一种行为、一件饰物，最终他决定松开扳机上的手指。敌人被枪口惊吓的时候，或许正要点起一支香烟，提着裤子踉踉跄跄地乱跑，正出神地漫步在春日的阳光里，或正赤身裸体地沐浴。那个准备开枪的战士突然放弃了。他放下手中的枪，转身向战友说："战斗是一回事，杀人是另一回事。这样杀了他就是谋杀……听着，我可不会向这样单独的一个人开枪。你会吗？"[5]

迈克尔·沃尔泽在他的著作《正义与非正义战争》的第九章中，没有像康德一样，通过阐述法律道德的一项原则，预先限定了一个国家能对其士兵施加的合法命令。这个问题既不是从一般层面上，也不是从法律道德层面提出的。而是一种个人的、主观的、与自己相关的问题：我会开枪吗？

沃尔泽解释道，一般来说，士兵不开枪，并不是因为他对杀人的想法感到厌恶。而是因为他们从这些微小的细节中，确信无疑地看到，枪口下的人和他们一样，是他们的同类，而不是简简单单的"敌人"。裸体士兵的形象在沃尔泽这里很有象征意义：当一个士兵脱下他的军装，他就卸去了战士的人造皮肤，他赤裸的人性重新浮出表面，直到填满整个视野。士兵在发现对方只是一个人的时候停止开火，就是凭直觉意识到对方的首要权利，他的生命权，正是这一权利赋予平民豁免权，永远不能成为武装暴力的直接目标。

哲学家科拉·戴蒙德（Cora Diamond）反对这种诠释。她回应沃尔泽说，士兵们在讲述自己的经历时，是不会这么说的。他们的说法有些不同。他们说他们当时不想开枪，或者不乐意开枪。但他们永远不会用法律的语言来表达。他们也不使用伦理学的词汇。相反，他们更多抱着一些想法，比如"士兵服役的意义是什么"[6]，"参与和其他人的武装冲突意味着什么，以及士兵如何让自己的行为符合人类共有的人性，而不是违背它"[7]。她所极力反对的，是没有必要"强行认定，不愿向裸体士兵开枪等行为事件，是出于对其潜在权利的认知"[8]。我认为戴蒙德是对的，尽管她所提出的这种道德外的方法，也许在更深也更真实的层面上，比她所承认的更道德（从另外一层意思上讲，也更政治）。关于权利言论的问题，她解释得非常正确，即这种言论损害了我们对重要事物的理解。是否向赤身裸体的士兵开枪，无关乎区分和相称的原则，用这种方式强行解读这一行为对有效地理解它毫无益处。根据战争法，士兵有权利杀死赤身裸体、衣冠不整、赤手空拳、抽着烟甚至睡着觉的敌方士兵，且他们对此心知肚明。倘若他们垂下枪口，绝不是出于法律的要求；用法律以及它所遵循的军事道德都无法抓住该行为的意义。

　　那他们为什么拒绝开枪呢？我认为无论是沃尔泽还是戴蒙德，都没有充分理解士兵卢苏的话，尽管两人都对该句进行了引用。他没有开枪，并不是因为他反

274

275

对战争。换句话说，他并不是一名和平主义者或是因良知拒服兵役的人。他毫不介意在战斗中击杀别人。对他而言，开枪不是问题，如果说在这种情况下他无法开枪，正是因为他想维护自己和同伴，在面对"战斗"和"就这样杀人"时的区别。他所坚持的这种区别，而他这样坚持也是正确的，就是区分一场战斗和一次简单的杀戮。在他看来，要做战士，而不要成为杀手。对于他而言，重要的不是承认"人权"这个抽象的概念，而是"这样做"在他自己眼中意味着什么。如果他做了，他就必须一生承受这一行为的后果。于是他选择了事先拒绝这一后果：成为做出这种事的人。这不是一个是否"应当"，而是是否"变成"的问题。相关的决定性问题，不是"我应当做什么？"而是"我会变成什么样？"

我从施暴者的问题中看到很重要的一点：一个可以批判暴力的主观立场。

当然，第一种定位的局限性在于，这种拒绝首先是出于个人的，以自我为中心，且为己所用。这是一种"主观主义"的障碍。在沃尔泽引用的一份证词中，一名士兵虽然自己不想开枪，但他会让同伴代替他去做："如果你愿意，你做吧。"这是一种以自我为中心的狭隘拒绝：我不乐意去做，但如果别人去做，我也没有意见。

　　一个人如何将个人拒绝转变为普遍拒绝，也就是一种政治拒绝呢？向这一方向靠近的第一步无疑是卢苏向同伴提出的这个问题：我下不了手，你能吗？"不，我也不能。"这种质询式的问答本就是一种对认同的呼吁，是普遍拒绝下一种可能的团结一致。

　　接下来的问题就是，当主体不是直接的施暴者时，如何得以表示对此事的拒绝，他们个人并没有卷入武装暴力，而实施暴力的后果也未必影响到他们。一切都取决于"我们"或"自我"的定义。"自我"是谁，或者谁又是"自我"？它能延伸到什么程度？这是我自己的事，还是我以外的人的事？

　　第一种回应可能是认为，所实施的暴力只与直接的施暴者相关，他们本身为数不多，我们又不在他们当中，因此它无关紧要，和我们也没关系。阿米泰·埃齐奥尼正是如此讽刺无人机操作员的。他们受命所做的事，很可能导致他们的内心麻木不仁，甚至令杀戮在他们眼中失去意义，他如是说："后果是可怕的。但我们所说的，不过是一百多个无人机驾驶员而已；他们内心的感受如何，并不能对国家或宣战的领导者们产生明显的影响。"[9]

　　萨特则抱有完全不同的观点："人为了把自己造成他愿意成为的那种人而可能采取的一切行动中，没有一个行动不是同时在创造一个他认为自己应当如此的人的形象……我们的责任因此要比先前设想的重大得多，因为它牵涉到整个人类。"[10]

也许这也是戴蒙德所说的，是否开枪射杀一名裸体士兵的事实，真正关乎的是我们的"共同人性"何去何从。她接着说："正是因为越南战争侵蚀了这种意义上的共同人性，使得恐惧造成我们国家的分裂。"[11] 这不仅是因为"我们的人"死在战场上，也不单是因为"对死亡的嫌恶"，而更可能是因为战争将我们的共同人性卷入其中，并可能令它丧失殆尽。

人们当时挥舞的反越战标语中，有一个宣称："我们不是一个凶手的国家。"这条标语以某种特定意义上的"我们"为名拒绝这场战争，拒绝"我们"不想成为的，特别是"我们"不想被同化的。这一立场从其构成主体的本质上挑战国家暴力，认同一个国民的或平民的"我们"，毫无疑问构成了一种强有力的批判。

这在某种程度上，与 2000 年代美国开展的反战运动的口号"不要以我们的名义"形成呼应。"我们"（即人民）在主观上通过一种非民族主义的表达，通过公开否认其领导人，拒绝成为这场武装暴力的同谋，而他们原本应当是这件事的决策者：

不要以我们的名义

入侵其他国家，

轰炸平民，杀害更多儿童，

历史的车轮一直向前

碾过无名的坟墓。[12]

279

　　然而这两条反战口号虽然看似十分相似，实则截然不同，它们的差异具有决定性的政治重要性。人们反对国家暴力时所挑战它的，不仅在于它使"我们"成为什么样的人，还在于它所预设的"我们"是怎样的人。[13]

　　"我们不是一个凶手的国家"这个口号，在根本上认同国家为"我们"背书，无论这种背书是支持维护"我们"的真正本质，还是重申"我们"作为国家的一部分，更多是想象出来的而不是真实的。一旦宣称这个口号，实际上就是对事实加以否认，如果我们察觉到美国的建国史与美洲印第安人种族屠杀之间的关系，就很难不认为这一观点充满争议。

　　"不要以我们的名义"这个口号则采用另一种截然不同的姿态：与其重申一个在想象中预设的"我们"，不如重建一个与"你们"相对立的"我们"，这个"我们"是从"你们"当中脱离出来的。这个"我们"在拒绝"你们"当下行为的同时，也没有忘记历史是在向前

280

的，历史的车轮已经"碾过无名的坟墓"。

"当白人打着横幅声称'我们不是一个凶手的国家'时"，一名反战运动的历史学家写道："美国的黑人将自己的遭遇与越南正在发生的屠杀联系起来。1966年1月3日，民权战士，同时也是美国学生非暴力协调委员会（SNCC）成员塞缪尔·扬格（Samuel Younge），在阿拉巴马被枪杀，就因为他试图使用白人专用的厕所。在SNCC的一份声明中，他们坚持认为这桩惨案'和正发生在越南人民身上的没有差别……无论哪种情况，美国政府都对死者抱有绝大部分的责任'。"[14]许多美国黑人运动反对越战，是因为他们将其视为"白人向有色人种发起的战争"。他们的反战立场，不是站在施暴者的角度否认自己的行径，而是从完全不同的立场出发，反对在越南以及在国内的暴力：也就是暴力靶心的立场。

***

这个来自过去的提醒与今天一个更加普遍的教训一脉相承："我们"不应当忘记，当一个新型武器不光为军队装备，还为国家警察装备的时候，"我们"会变成什么样，这次将是我们沦为潜在的暴力靶心。

一切都一如既往是从外围开始的，从外国和边境上开始。2012年有媒体报道："最新最先进的监视系统

'红隼'（Kestrel）今年在美国与墨西哥的边境上进行了测试。"[15] 这是一种气球无人机,有点儿像装备了摄像头的齐柏林飞艇,"而且不光可以为操作员提供实时画面,还能录制下面发生的所有事情,以备日后查看"。[16] 经过一个月的测试,美国的边防部队宣布有意购买该设备。红隼制造公司的领导人总结说:"我们认为国内也是一个重要的市场。"[17] 很快我们就知道,美国国会命令联邦航空局（负责空中交通的机构）在 2015 年之前,将无人机纳入美国领空管理范围。[18]

同一时期还有其他的新闻报道:在得克萨斯州休斯顿北部的蒙哥马利县警长办公室宣布,他们已经购买了一架"暗影之鹰"无人机,并宣称他们对于"为无人机加载非致命性武器,比如催泪瓦斯、橡皮子弹和泰瑟枪等,持开放态度"[19]。

这就是马克思说的"战争的发展先于和平"[20] 的情 282
境:一些社会或经济关系最初是为军事目的发展出来的,后来才重新引入和广泛应用在民间社会的日常运作中。军队就像一个发明中心,是新型政治科技开展实验的实验室。

由此产生的一个问题就是,社会或"公共舆论",迄今都未能阻止这类技术被用于世界另一端的"战争"中,他们是否能猛然醒悟,这类技术也是针对他们设计的，他们应当动员起来阻止无人机警察的普及。因为我们必须认识到，如果我们不阻止这一即将到来的未来，我们将面临的是：身边尽是移动武装视频监控设备充当的空中警察。

实在别无选择时，我们还可以购买艺术家亚当·哈维（Adam Harvey）[21]制作的无人机防护服。这种衣服是用一种特殊的金属布料制成，可以给人体轮廓降温，使其在夜色中不被无人机的热成像摄像机捕捉到。

V-1 型巡航导弹发射前（1944 年）[1]

4. 政治机器人的制造

> 只有建立一支机器人的军队
>
> 才能彻底消除……人的因素，
>
> 并让一个人只需按下按钮就能摧毁任何人，
>
> 这将改变权力之于暴力的根本优势。
>
> ——汉娜·阿伦特 [2]

　　当阿多诺在 1944 年撰写他的《最低限度的道德》时，纳粹正向伦敦发射的 V-1 型和 V-2 型导弹成了他思考的对象之一。[3] 在一篇很长的叫作《超出射程》的篇章里，他写道："如果黑格尔的历史哲学囊括了我们这个时代，这些希特勒的 V2 炸弹装置一定能在其中占据一席之地……并成为他选中的经验事实，通过符号化的方式来表述世界的精神状态。这些装置就像法西斯主义

自身，以最快的速度发射出去，却无的放矢；就像法西斯主义，这些装置是最高超完美的技术与彻底的盲目性的结合；就像法西斯主义，它们引发了致命的恐惧，但一切皆是徒劳。'我看到了世界精神'，不是在马背上，而是在一颗无头导弹的翅膀上，同时这也是对黑格尔历

史哲学的反驳。"[4]

之所以是对黑格尔的反驳，是因为历史已变得无意义，世界已变得无精神。机械压碎了目的论。主体已消失。飞机上不再有驾驶员，武器不再是任何人的本质。

阿多诺在接下来的几行中，将一个决定性的辩证区分引入最初的论述中。他指出，这种没有战斗的武装暴力，使敌人只能像"一个病人或一具尸体"，死亡成为一种"行政和技术措施"，他补充道："今天的战争在一定程度上带着恶魔的性质，与旧式战争相比，的确应当采取更多的主动性，主体竭尽全力就是为了不再有主体。"[5]

武器本是暴力的手段，却成为暴力中唯一可以识别的施暴者，这是一场即将到来的噩梦。在再次匆忙宣布主体死亡之前，我们应当仔细思考，第三帝国末日黄昏时发射的那些幽灵般的飞机对阿多诺的启发：主体竭尽全力就是为了不再有主体。

事实上，一种政治上的错误就是认为自动化本身就是自动的。政治主体性如今的主要任务就是使这种主体性剥离。通过这种统治模式，命令被转化为程序，代理人转变为自动装置，而权力本就相距遥远，变得更加不可触及。

权力的主体在哪里？这个问题在新自由主义和后现代主义的背景下，显得十分棘手。阿多诺的话为我们找到这个主体提供了一个很好的线索：他就在一切他积极工作、以便自己被忘却的地方。正是这种积极抹去自己的行为总是令他确信无疑地暴露行迹。大量主体性的行动动用巨大的精力和投资，去掩盖路径、清除痕迹、掩护所有可被追查到行为的主体，目的是将行动掩饰成一种被赋予类似必然性的纯粹的机能运作，就像一种自然现象，只由管理系统调配，并且时不时修正系统错误、运行系统升级和管理访问权限。

288　　美国国防部日前计划将在无人机运行中"逐渐减少人类的控制和决策"[6]。虽然最初的目标是实现"受监督的自主"，但从长远来看则是实现完全的自主。到那个时候，人类将不再参与其中，而是完全置身事外。其前景就是"机器人可以在没有人类控制或干预的情况下行使致命武力"[7]。

机器人科学家罗纳德·阿尔金（Ronald Arkin）现在是这种"致命自主机器人"[8]最积极的倡导者之一。他最主要的观点，又再一次聚焦在"道德"上：机器人战士"将比人类士兵更有可能在战场上表现得合乎道德"[9]。而且还能更好：它们将能够"在这些困难的情况下，比人类更人道地行事"[10]。

为给自己的研究正名，他坦言道："我个人希望，无论是今天还是未来，我们都不需要用到它们。但是人类对战争的趋之若鹜，似乎势不可挡，无法避免。"呜呼，如果我们不能避免战争，至少让我们运用技术能力，让它变得更道德吧。因为事实上，如果我们做到了，"我们将取得重大的人道主义成就"[11]。说得没错……但机器人战士怎么就能"在战场上表现得比人类士兵更加人道呢"[12]？有一连串的原因，但主要是因为它们的"精准度"，而且特别因为我们可以通过设置让它们遵守规则。

这些机器人被装备了阿尔金称作"道德调节器"的东西，一种"人造'良知'"或机械超我。[13]当其他程序建议采取致命行动时，这一审议软件将根据战争法的规定仔细分析该指令，并通过规范逻辑进行转换，"以确保该行动可以被道德接受"[14]。

由于机器人既没有情感也没有激情来扰乱它们的判断，因此它们会像冷血杀手，不折不扣地按照规定行事。也正是因为它们"不会表现出恐惧、愤怒、沮丧或报复"[15]，换句话说，它们不具备人类的基本特性，因此这些机器能够比人类更人道，也就是更加合乎道德，而反之亦然。要实现真正的人性，就必须摆脱人类。消灭他们。

这一自相矛盾的言论并不像看上去那么荒谬。要解释这一点，必须明确这里面提到的"人道"有不同的含义，这个词在传统意义上至少有两层含义：一方面它指出人类是什么，即人类的本质，另一方面它指一种行为模式，即"人道的"行为方式。一种是本体论的意义，一种是价值论的意义。人道主义的可能性就存在于这种语义的差异中。它用一种奇特的方式，呼吁人类要更有人情味——也就是采取在事实上符合其理念的道德行为模式。尽管哲学人道主义的构成方式将两层含义都囊括了，但机器人伦理的后人道主义不但注意到了这两种含义上的分歧，而且彻底与其在实际上脱钩。如果人类有时表现得没有人性，那为什么非人类就不能比人类更有人性呢？换言之，就是机器人为什么不能更好地遵守界定"人道"行为的规范原则呢？价值论的人道因此可以成为非人类代理人的属性，只要这些"人工道德代理人"是按照正确的规则编程的。到目前为止，（差不多）一切都好。可一旦涉及谋杀，接踵而至的问题便会给人迎面痛击。致命机器人伦理的支持者们主要是在说：由机器来决定是否杀死人类并不重要。只要它们杀人时是符合人道的，也就是说，只要按照国际人道主义法的原则使用武力，就完全没有问题。那到底问题出在哪儿？

291　从法律哲学的角度来看，我们很快会发现有两个极其重要——事实上不可逾越的问题。

　　首先，赋予机器代理人在战争中享有战斗人员的杀戮权利，就等于将杀人与摧毁一件纯物质的东西等同起来，这无疑从根本上否认了人的尊严。一旦法律意识到这一点，就可以动用人道概念的第三层含义来禁止这类武器，这一次它可以理解为人类是其最高保护的对象。

其次，现行的武装冲突法将重点放在武器的使用上[16]，假设我们可以清楚地区分武器和战斗人员，即武器是一个物体，而战斗人员是一个人，战斗人员使用武器并对此负责。然而自主致命机器人却摧毁了这一法律隐含的本体论。一件物体开始为自己所用是我们意料之外的情况。武器和战斗人员，工具和施动者，物体和人，开始奇怪地融合成一个没有身份的实体。

这一问题首先表现为法律范畴内的危机：无生命的物体可以被认为是人吗？如果是的话，这将在纯粹的实用性方面造成问题，导致法律适用性的根本危机。一切都将转向责任问题，并通过责任问题，延伸到与战争法有关的应报理论的可能性上。

机器人犯了战争罪，责任在谁？是部署它的将领吗？是机器人的所有国吗？是制造它的工业家吗？是给它编程的计算机专家吗？责任很可能在这个小小的圈子里被互相推卸。军事将领总是可以申辩，他没有给机器人下过命令，而且无论如何，他已经不再控制它。国家作为机器人的所有者和法律名义上的"监护人"，总要承担一定的责任，但他会为自己开脱，说所造成的损失源自制造上的某个瑕疵，因此将锅甩给工业家，而工业家会把程序员拉进来给自己垫背，认为风险都是别人造成的。还剩机器人自己，如何处置机器人：只能将它关起来，给它穿上男性的衣服接受审判，然后在公共场所处决它，就像1386年在卡尔瓦多斯的一个村庄，将一头母猪以杀婴罪定罪一样。[17]这当然是毫无意义和效果的，就像面对一件撞到自己的家具，对它殴打或辱骂想给它一个教训一样。

293　　简而言之，就是会有一群不负责任的责任人相互推诿，届时将很难确定罪责的归属。鉴于没有人按过按钮，就只能在代码（既是法律的也是计算机的）迷宫中，寻找在逃罪犯的痕迹。

　　这当中的矛盾归根结底在于，当自动机械拥有致命的决策权后，能够被识别的唯一人类只能是受害者本人，是他因不当的身体运动造成了自己的死亡，就好像杀伤性地雷，受害者都是自己不幸启动了地雷的自动引爆机制而造成自身的灭亡。

　　责任归属不但不再清晰明了，而且由于涉事者组成的网络群龙无首，让这种责任的描述在其中不断淡化。让它从有意的变成无意的，从战争罪变成军工事故。这就好比金融界精心设计的"垃圾债券"，你很难知道谁是谁，或谁做了什么。这是一种制造不负责任的典型手段。

　　但机器人伦理专家们异口同声地回应说：既然已

经排除了犯罪的可能，为什么还要费尽心力去寻找可能
的罪犯呢？这种反对意见听上去虽然很奇怪，但评估它 294
所表达的全部含义是很重要的。因为这关系到要如何实
施法律规范。为了让司机遵守交通规则的限速要求，我
们可以规定罚款金额并设置测速雷达，或在每辆车上安
装自动限速器。这是强制执行规范时两种截然不同的
方式：一种是依照文本制裁，一种是融入技术控制。要
么在事后通过法律制裁，要么"将道德和法律规范纳入
武器自身的设计中"[18]。但这种类比也就到此为止了，因
为机器人杀手上面没有驾驶员乘坐，因此如果发生任何
事，我们无法指认任何直接责任人。

　　"战争机器人"（warbot）的支持者们非常清楚这一
点。但在国际刑事司法和道德机器人杀手之间，他们已
然做出了自己的选择。"要小心"，他们补充道，我们不
应过于"执着于将个人刑事责任作为一种推定责任的机
制，以免阻碍机器系统的发展，因为如果研制成功，机
器系统将减少对平民的实际伤害"[19]。随着法律有可能变
成一台机器，人类正义也可能面临消亡。

　　但我们必须补充一点：声称法律能够被纳入"武器 295
自身的设计中"，本身就是一种严重的语言滥用，就像
他们所做的那样。机器人伦理学家能做的，只是将一些
规则嵌入某些程序的设计中，随时可以被卸载或重新编

程。如果你可以在自己的电脑上这么操作，也可以在世界上任何武器上这么操作。这样的论证实际上是为了表明，通过提供合乎道德的软件作为选项，便证明高度危险的硬件开发是合理的。可喜可贺：通过购买这辆轿车（或者更确切地说坦克机器人），你就赢得了一个漂亮的钥匙链。

这是一种典型的"特洛伊木马"式的进程：以道德机器人杀手的未来前景为名，使大众接受机器人杀手的发展，尽管其支持者们清楚地知道，"舆论"在今天仍持广泛的反对意见。阿尔金之流将自动化进程说成是完全自主、不可避免的，同时充分预见并缓和了它极端的部分，以此掩饰一个现实：他们实际上在这一进程中扮演着十分积极的角色[20]，为有效地促进其发展提供了它急切需要的证明。道德机器人的神话传播得越广，部署机器人杀手的道德屏障消失得就越快。人们会几乎忘记，要阻止未来生化人（cyborgs）的潜在犯罪，最可靠的方式就是将它扼杀在摇篮里——趁现在还不晚。[21]

洛杉矶，2029 年。在城市的废墟上空，深蓝色的夜色里，荧光光柱在空中穿梭。地面上，一个人类战士倒下了，他被一架机器人飞机的激光束击中。幽灵般的坦克履带从堆积如山的人头骨上碾过。这是詹姆斯·卡梅隆执导的电影《终结者》片头所描绘的"机器灭绝人类战争"的著名场景，这是无人机第一次短暂地出现在电影影像中，还是在 1984 年的科幻片里。

机器人的乌托邦和反乌托邦构想，都基于同一种很基础、很简单的二元模式，人／机器。机器要么就表现为人类主权的奴性延伸，要么随着自主性的提高，开始脱离先前主人的控制，并转而反对他们。这就是《终结者》中的故事。

在这类叙事中，飞行员或远程操作员的地位最初被描绘成一种全能的代理人，随后他们将彻底失势。"人"很快失去他的核心地位。无人机将变成机器人。此外这种向自动化的完全过渡将在未来成为必然，马尔文·明斯基在 1980 年就预言："从长远来看，所有向远程在场迈进的步伐都是向机器人迈进。"[22] 最初的主体中心论会被主体的死亡取代，主体由此失去他自以为拥有的所有控制。这种模式的悖论在于：它的发端起于完全的人类本位论，但随着趋势的发展，却以人类主体被明确驱逐而告终。但这两种观点都是错误的。

瓦尔特·本雅明在他那个时代分析过轰炸机飞行员的立场，并提供了最早也相对更现实的分析路径："在一架载满化学炸弹的飞机上，飞行员手握着切断公民光明、空气和生命的一切权力，而这种权力在和平年代，被分配在成千上万办公室主任的头上。就是这名轰炸机飞行员……独自与他的上帝翱翔在天际，按照他病得不轻的上司——也就是国家的旨意行事。"[23] 要理解飞行员是怎样的代理人或主体，需要考量他与另外一种机器之间的关系，不是飞机，而是国家机器，尽管飞行员处于从属地位，但国家机器的一切权力都被暂时集中在他身上。这名飞行员或许得以拥有不多的个人回旋余地，但也只是在表面上作为一个孤独的个体，充当着全能的"机器主人"的形象。事实上，他几乎从来都是现代国家官僚机器的人偶化身，被暂时地具象化为一个点，一只手甚至是一个拇指。战斗机的无人机化在技术上要实现的，无非是在国家机器和它的战争机器之间，消除或移除这个不完美的环节。

在《联网作战》(Wired for war) 这本书中，彼得·辛格（Peter Singer）描绘了下述场景：一名四星上将在自己的办公室里，花几个小时观看捕食者无人机传回的图像，随后拨打电话亲自下令开火，他甚至会像飞行员明确具体使用哪种型号的炸弹来实施打击。在这个例子里，指挥级别被完全混淆，战略决策者开始干预最低层级的战术选择。[24] 辛格出于对军事效率的担忧，为这种角色的混淆感到震惊。但无论如何，这当中的教训显而易见：虽然"网络战争"的理论家们认为这些新技

术有利于某种程度的指挥权力下放，但"迄今为止，无 299
人驾驶飞行系统的实际经验表明，情况恰恰相反"。[25]

这不是一般意义上的"人"对"机器"失去控制，
而是等级结构中的下层操作员在上级面前（进一步）失
去自主性。全面自动化进一步加强了集中决策的趋势，
其实现的方式与之前不同，变得更加隐蔽，更加实惠，
但绝没有更加收敛。

如机器人科学家诺埃尔·夏基（Noel Sharkey）所阐
明的（他极力反对相关程序的研发），一个"道德机器
人"的审议软件像任何程序一样，除了它嵌入的规则，
还必须进行明确的规定。[26] 要将"只瞄准正当目标"这
一指令转换成代码，如果不明确规定各种各样的"目标"
是什么，就只是一句空话。同样的，我们也可以尝试运
用比例原则进行形式表述的编码（祝你好运）[27]，但我们
始终需要在程序中直接或间接地明确一个值，这个值将
成为一个门槛，决定在平民死亡和军事预期之间怎样的
比例是可以被接受的。一言以蔽之，决策的参数必须被
明确，而明确这些参数的不是程序自己。在此之前就需 300
要一个抉择，决定决策的参数——一个关于决定的决定。

指挥权的集中化——尽管更多是通过明确程序而不
是命令来呈现——因过度膨胀而不成比例，因为通过决
定一个变量就可以确定所有后续自动决策的参数，也就

是通过一次关于决定的决定，就一次性地决定了无数未来尚未确定的行动。确定一个程序规范的值远比一组各自下发的命令更加有效地实现了集中化，好比一次性签署了一份可以无限重复的死刑判决。

现代军队已经开始使用协助决策的软件，使决策更好地符合战争法的要求，按照他们的说法，这样一来自己就变得更"道德"了。下面这个例子可以让我们一窥其相关价值观是如何确立的："在入侵伊拉克的最初几天里，他们用计算机程序进行了大量计算，他们给这一程序起名叫'拍蚊'（Bugsplat）。这个计算机程序可以估算一场空袭中造成多少平民伤亡。向汤米·弗兰克斯（Tommy Franks）提交的结果表明，在计划的空袭中有22次将造成他们定义下，高比率的'拍蚊'率——也就是每次空袭将有30多名平民丧生。弗兰克斯说：'动手吧，伙计们，这22次我们都干了'。"[28]

这里的军事暴行，与阿尔金的假说相反，并不是士兵阶层被战争迷雾或战斗激情冲昏头脑而引发的行为偏差造成的。这种暴行的起头并没有任何惊人之处。非常简单，只需要设定一个相关变量的阈值。那"最小杀戮"（Minimum Carnage）的变量值应该是多少呢？不知道。30多个平民行吗？可以的。就是这样一个小小的关于决定的决定，通过一个单词或键盘上的一次敲击，

将产生十分具体，甚至太过具体的倍增效应。有一件事
到今天仍然令人大吃一惊，其本身就让人感到惊讶：最
严重的罪行不是公然违反法律，而是主权在运用法律时
的背弃。普通的军事暴行被安置在一个牢固的法律框架
内，适得其所。除非有迫不得已的必要，不会打破这一
框架。大多数情况下，也没有这个必要。当代各种形式
的暴行大部分都是合法的。它们更多在规则中而不是在
例外中运作。倘若它们最终看上去等同于一个例外，不
是因为法律被中止，而是因为有人按其规格，根据他们
的利益解释法律，以至于不费太大力气就使法律缴械投
降。这种暴行是形式主义的、冷酷无情的、技术上合理
清晰并得到计算上的支持，正是这样的计算让未来的机
器人杀手十分合乎道德。

301 年的七月革命正进行得如火如荼，巴黎人民越
来越清楚地看到，他们最终将成功地推翻波旁王朝。昂
古莱姆公爵*曾用下面的这段话，向自己的副官下命令：

　　将街垒摧毁。
　　—— 阁下，里面有反抗的叛乱分子。

———————————

* 即路易十九。——译者

—— 让国民自卫军向他们开枪。

—— 阁下，国民自卫军拒绝开枪。

—— 拒绝！这是造反！让部队向国民自卫军开枪。

—— 但部队拒绝向国民自卫军开枪。

—— 那就让人向部队开枪[29]。

但是显而易见，已经没有剩下的人可以开枪了……

2003 年，当诺思罗普·格鲁曼公司向军队展示 X-47A 战斗无人机的原型机时，一名军官发自内心地感叹：“啊，至少这架飞机不会跟我顶嘴。”[30]

与科幻小说假设的场景相反，真正危险的不是机器人开始反抗，而是恰恰相反：他们永远服从命令。

因为军事机器人可以避免的人类缺陷清单中，有一个缺陷具有决定意义，但被阿尔金遗漏了：即不顺服的能力。[31] 机器人当然会出故障或失灵，但他们不会反抗。士兵的机器人化被错误地说成是道德的胜利（但倘若将“道德”重新定义为对规则的机械遵守，就相当于将道德等同于最无脑地遵守纪律和顺从），可谓以最激进的方式来解决军队纪律松弛的老问题，消除叛逆的可能性，使不顺服变得不再可能。但这样做的代价，是在消除行为偏差可能性的同时，也消除了对武装暴力加以违法限制的主动力——其代理人批判的良知。[32]

问题不在于知道控制权在"人"还是在"机器"手中。这只是对这一问题未加确定的表述。真正利害攸关的是，首先作为国家机器的这个"武装人员群体"在物质和政治上的自主化。

***

一幅图像或绘画有时能对理论进行有效的概括。《利维坦》的卷首插图是一个躯干高出地面的巨人。我们能通过经典的标志认出这是一位君主：宝剑、王冠、权杖。但引人注目的是他的外衣。他身穿的锁甲，甚至是他的身体本身，就是由微小的人体组成的。国家是一个人工制品，一架机器——甚至可以说是"机器的机器"，只不过组成机器的零件是臣民活生生的肉体。

主权及其构成，乃至它可能解体的谜团，都可以通过分析它的组成来解开：国家是由什么组成的？

霍布斯提出的，拉博埃西想用同样的方式反驳：因为最终，这个压迫你的主人，"你为了他的荣耀如此英勇地作战，为了他的荣耀不惜献上自己的生命……如果你们不给他，他哪有那么多双眼睛监视你们？如果你们不给他，他又怎能有那么多双手打你们？"[33] 这里有一个根本上的具体矛盾：如果权力只能通过我们的身体形

Non est potestas Super Terram que Comparetur ei Iob.41.24.

《利维坦》的卷首插图（1651 年），细部

成，那我们随时都能剥夺它。

　　这也是为什么阿伦特解释说，由于存在这种基本的身体依赖性，让即使是最专制的政权，也只能是权力而不能是纯粹的暴力。[34] 没有身体就没有权力。但正如她在某种程度上设想的，这种相互性是真实存在的：没有可被动员的身体，就不会再有权力。

　　现在换一个时代，再换一副图像。一本科普杂志在 1924 年公布了一项新发明：无线电遥控警察机器人。疯狂年代*的机器人警察装备了聚光灯的眼睛，坦

——————————

* 法国将 20 世纪 20 年代称作疯狂年代。——译者

克履带的脚，以及受中世纪武器启发、以旋转警棍做 306

成的拳头。在他的下腹上，还有一个小小的金属阴茎

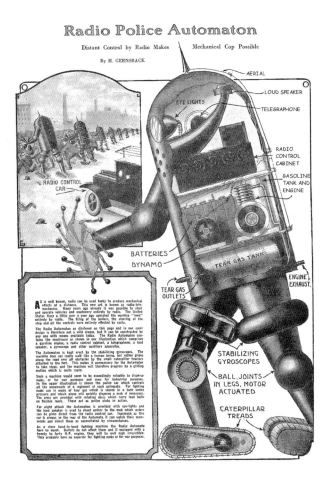

《无线电遥控让机械警察成为可能》（1924 年）[35]

307　可以向溃散的游行队伍喷射催泪瓦斯。而他的肛门则是一个排气口。这个可笑的机器人，一边尿着瓦斯放着黑烟屁，一边暴打群众，完美地描绘出一个无人机国家的理想状态。

　　这两幅插图的差别预示了国家武装部队在无人化和机器人化后造就的政治利害关系。国家的梦想是打造一支无需人体组成的军队，一个没有人类器官的政治身体——用机械仪器替换原先由臣民组成的躯体，必要时让机器成为唯一的代理人。

　　国家机器因此成了真正的机器，终于有了一个与其本质相符的形体：一个冷酷怪物冰冷的身体。它从技术上最终实现了一个国家的根本发展趋势，就像恩格斯所写的：这是一种"从社会中产生但又自居于社会之上并且日益同社会脱离的力量"[36]。但倘若真到了这一步，它的命运也就愈发显而易见，就是最终像一块废铁一样被丢进垃圾场。

尾声：拒绝远程战争

您将读到一篇来自 1973 年的文本。那时，美国军队开始从越战中吸取教训，着手研发军用无人机项目。一些参与反战运动的年轻科学家创立了一本规模很小的军事期刊——《大众科学》(*Science for the People*)。他们对这些军事科研项目了如指掌。很快，通过预测，他们便写下一篇揭示这一技术危险性的文章：

> 正如空战取代了地面战，一种新型战争也将取代空战。我们将它称为远程战争。……远程战争建立在远程控制系统的基础之上……装置位于远处，通过装置内部的接收器获取信息。……对于人类本就能力有限的肉体而言，即使装备了武器，在这样的装置面前也不堪一击，因为这些装置除了机械方面再无其他限制。远程战争是人类机器对人类身体的战争。这就好像人类大脑进入了机器，去摧

毁人类的身体。……战争双方，一方在战场上失去的是血肉之躯，一方最多只是失去几个玩具。前者能做的只有射击和死亡，因为那些玩具根本不会死。……

远程战争的经济和心理特点决定了谁将拥有最终的控制权。从经济角度考虑，远程战争比空战廉价得多。……鉴于这么低廉的成本，国会没有理由在财政预算上反对美国军方发起远程战争。

摆脱了国会的控制，美军就可以随时随地，完全自由地发动远程战争了。美军（更不用提中情局）终于可以放手扩张美利坚帝国的势力范围，用武力镇压一切违背美国利益的民族运动。

远程战争的心理特征还将决定谁将拥有最终的控制权。远程战士只需要数千人，不像空战需要数以十万计的士兵。远程战士永远不会面临在行动中被杀的危险。……

远程战争的特点还可以消灭反战的批评声音。因为在战争中没有任何一个美国士兵会被杀或被俘。机械的玩具既没有母亲也没有遗孀为他们的阵亡抗议。远程战争实在太划算。那些反对战争造成巨额花销和通货膨胀的人将无话可说。因其致命的精准性，远程战争不会对环境造成任何伤害。那些抗议战争造成环境毁灭的生态学家将无话可说……诸如此类。对于那些还想抗议的人来说，剩下唯一可以抗议的就是谋杀和征服那些被美军称作"共产主义分子""越南佬"或者干脆称作"敌人"的人。当然了，对于美军来讲，全世界都是他们潜在的敌人。……

战争与和平之间的一切差别都将灰飞烟灭。战争即是和平。

全面的远程战争将延续人类历史上的战争和种族灭绝的悠久传统，使之进入一种永久战争的状态。对于美国而言，帝国的社会和文化传统将前所未有地被转化成种族灭绝的机器。美国工业的方方面面都将在此过程中发挥重要的作用。美国在科学和技术上的一切进步，都将大大提升杀戮的效率。……

远程的战士们将不再能区分现实与幻象。异化和绝育令他们逼近完美。在与妻子吻别并与上班高峰的拥堵车流搏斗之后，远程士兵们来到和平部，在屏幕前一坐一整天。……

如果在和平时期，一个公民反对对敌作战，那这个人就是一个颠覆分子。这个人就会变成敌人。下一步就是管控帝国内部的事务……建立一个博爱部（Ministry of Love）。[1]

这些写在 40 多年前的旧文，如今成了现实的忧虑。

不过，发表这篇文章的那帮人，认为有必要补充下面这些话：

313 　　我们出于两个原因，决定将这篇关于远程战争的文章付梓。首先，反战人士借助它可以了解更多的技术知识，在我们充分了解事实的前提下，希望我们的行动能变得更加有效。其次，它足以展现出统治这个国家的人们所秉持的军事政治思想。

　　然而，我们并不赞同该文所描绘的末世图景，也不认为文中关于谁能控制最先进的技术谁就拥有终极优越性的假设可以成立。

　　我们认为，文中之所以体现出这样悲观和恐惧的观点，原因在于其本质上缺乏一种恰当的政治视角。这就是为什么我们要将这种远程战争技术所扮演的角色，放到美利坚帝国的框架中进行分析。

　　首先我们必须指出，这种远程战争技术的发展源自美国资本主义的弱点而非力量。事实上，这种技术的发展标志着体制与人民正渐行渐远。空战得以发展，是因为美国陆军不再令人信任。如果远程战争得以诞生，那正是因为当下进行的战争，就如未来一切由美帝国主义为了控制世界发起的战争一样，从政治上已经不被美国人民接受。正如美国国内正在加强投入社会控制和监视的研究以应对国内的抵抗和抵制，美国军方不得不为自己的政治问题寻求技术解决方案。……　314

其次，向着更复杂（也更有利可图）的技术升级迭代，是美国资本主义的特有特征……要认识这其中的过程，摆脱意识形态的辩护非常重要。驱动这些过程的不是"进步"，不是更高的效率，也不是对消费者需求更好的满足。其背后是帝国扩张的需求，以攫取更大的利益。远程战争就是同样的原则在另一个产业——军工业上的应用。

文中还有其他几点也值得加以评论。

首先，关于这种新技术能降低"国防"预算的证据并不确凿。更有可能出现的情况是，好几种不同发展水平的军事技术同时并存，就像导弹和轰炸机同时并存一样。

其次还有一些问题，诸如它的战无不胜、它超人的精准度、它装载在无人机上并连入计算机网络的传感器能无所不知等等。倘若有人被这些主张打动，我们建议他们看看历史上出现过的类似主张。　315

在受控条件下和实际战争条件下获得的结果往往天差地别。大多数情况下，美国使用这项技术后得到的结果是大规模且无差别的破坏……对抵抗者个人实施"针头"（tête d'épingle）打击的印象是虚假的……轰炸是一件恐怖武器。它的主要目标在于清空游击队及其潜在支持者所在的村庄，并摧毁有关国家传统的社会结构。……

技术并非不可战胜。这是一个让我们陷入消极被动的神话。这个神话在科学工作者中间广泛流传，在他们身上表现为一种技术知识沙文主义。促成社会变革的真正力量蕴藏在别处，在社会广大的受压迫阶层身上，我们必须向他们伸出援手。[2]

注释

序幕

[1] "粉红代码"（Code Pink）:《克里奇空军基地：一个充满怀疑、困惑和悲伤的地方》（"Creech Air Force Base: A Place of Disbelief, Confusion & Sadness"），公告，2009 年 11 月。

[2] 参见杰拉尔德·克鲁格（Gerald Krueger）、彼得·汉考克（Peter Hancock）:《无聊的时间，恐怖的时刻：军方和安全部队行动中的时间不同步》（*Hours of Boredom, Moments of Terror: Temporal Desynchrony in Military and Security Force Operations*），华盛顿：美国国防大学，2010 年。

[3] 此处所引用的所有交流内容，均出自《洛杉矶时报》记者大卫·S. 克劳德（David S. Cloud）根据《信息自由法案》获取的官方录音誊本。我在此仅对交流内容进行了节选。原文件在披露之前有多处内容被禁。完整的资料内容参见：http://documents. latimes.com/transcript-of-drone-attack/. 关于事件背景，可以同时参见大卫·S. 克劳德的文章《一场阿富汗战争悲剧的剖析》（"Anatomy of an Afghan war tragedy"），载于《洛杉矶时报》，2011 年 4 月 10 日。

导言

[1] 美国国防部:《军事及相关术语词典》（*Dictionary of Military*

and Associated Terms），联合出版 1-02（Joint Publication 1-02），2011 年 8 月，第 109 页。

[2] 自 20 世纪 70 年代起，我们就称其为"遥控飞行器"（Remotely Piloted Vehicle，缩写为 RPV）。

[3] 该话出自蒂德·迈克尔·莫斯利（Teed Michael Moseley）将军。托林·莫纳汉（Torin Monahan）、泰勒·沃尔（Tyler Wall）在《来自远方的监视和暴力：无人机政治和阈限安全场景》（"Surveillance and violence from afar: The politics of drones and liminal security-scapes"）一文中引用了这句话，载于《理论犯罪学》（*Theoretical Criminology*），第 15 卷第 3 期，2011 年，第 239—254 页，第 242 页。

[4] 这一表述源自美国国家情报总监迈克·麦康奈尔（Mike McConnell），引自鲍勃·伍德沃德（Bob Woodward）:《奥巴马的战争》（*Obama's Wars*），纽约：西蒙和舒斯特出版社，2010 年，第 6 页。

[5] 大卫·德普图拉（David Deptula）在 CNN 的一档访谈栏目《阿曼普》（*Amanpour*）中一期题为《无人机在阿富汗战争中的使用》（"The Use of Drones in Afghanistan"）的节目中接受采访时如是说。该期节目于 2009 年 11 月 24 日播出。他后来在一次演讲中再次重申："有了如此广阔的干预范围，我们即使足不出户也能将影响力播撒到全球。换句话说，这个系统让我们进行力量投射的时候无需暴露弱点。"大卫·A. 德普图拉:《空军的情报、监视和侦察能力及转型：在美国空军总部空军防御战略研讨会上的讲话》（"Transformation and Air Force intelligence, surveillance and reconnaissance. Remarks given at the Air Force Defense Strategy Seminar, US Air Force Headquarters"），华盛顿特区，2007 年 4 月 27 日。

[6] 这一技术的目的是建立一种不暴露的力量，或者更确切地说，是为该力量提供部署条件，确保不暴露其操作人员的弱点。在被德普图拉用来形容无人机战略的优势之前，空军战略学家经常使用这套修辞来说明"远程战争"的程序，而他们认为远程

战争是历史发展的必然趋势:"如果我们检视一下长期的趋势,会发现我们的武器从长矛、弓箭、弹射器、火枪、步枪一路演化过来,体现出一种具体的动机。那就是我们寻求从足够远的距离攻击对手,而避免受到他同样方式的反击。换句话说,我们具体且理智地寻求一种能力,在力量投射的同时不会同等程度地暴露弱点……长期的军事发展趋势既要从远程投射影响力,又不会同等程度地暴露弱点,这有利于航空航天实力的发展。"查尔斯·D. 林克少校(Charles D. Link):《正在成熟的航空航天力量》("Maturing Aerospace Power"),载于《航空与航空力量杂志》(*Air & Space Power Journal*),2001 年 9 月 4 日。

[7]　伊莱娜·斯卡里(Elaine Scarry):《疼痛的躯体:世界的塑造和毁灭》(*The Body in Pain: The Making and Unmaking of the World*),纽约:牛津大学出版社,1985 年,第 78 页。

[8]　美国国防部:《向国会提交的关于未来无人驾驶飞机系统的报告》(*Report to Congress on Future Unmanned Aircraft Systems*),2012 年 4 月。https://www.fas.org/irp/program/collect/uas-future.pdf。

[9]　克里斯·伍兹(Chris Woods):《无人机打击增至每四天一次》("Drone strikes rise to one every four days"),见《新闻调查局》(*The Bureau of Investigative Journalism*),2011 年 7 月 18 日。https://www.thebureauinvestigates.com/2011/07/18/us-drone-strikes-rise-from-one-a-year-to-one-every-four-days。

[10]　《奥巴马 2013 巴基斯坦无人机打击》("Obama 2013 Pakistan drone strikes"),见《新闻调查局》,2013 年 1 月 3 日。https://www.thebureauinvestigates.com/2013/01/03/obama-2013-pakistan-drone-strikes。

[11]　《无人机的飞行:为什么制空权的未来属于无人驾驶系统》("Flight of the drones: Why the future of air power belongs to unmanned systems"),载于《经济学人》,2011 年 10 月 8 日。

[12]　伊丽莎白·巴米勒(Elizabeth Bumiller):《一天的工作就是等待隔着世界杀死你》("A Day Job Waiting for a Kill Shot a World Away"),载于《纽约时报》,2012 年 7 月 29 日。至 2015 年,

美国空军预计将需要 2000 多名无人机驾驶员来执行全球的军
事巡逻任务。

[13] 约翰·莫（John Moe）:《军队缩减的同时无人机项目在扩张》
（"Drone program grows while military shrinks"），载于《市场技
术报告》（*Marketplace Tech Report*），2012 年 1 月 27 日。

[14] 需要注意的是，我们眼下的前景并不是立刻用无人机彻底取
代常规武器，而是会长期将各种武器系统混合使用，但在多
种"战争模式"共存的局面下，无人机将起到主导作用。在此
我们还必须指出，这种趋势并非不可阻挡。未来还没到来——
它正在当下发生，这是完全不同的。这与彼得·辛格（Peter
Singer）发表的远程技术宿命论（téléologicofataliste）并不一
致。在提到无人机发展遇到的技术和预算障碍时，他写道："历
史还表明，这样的障碍无法阻止未来降临，只是会延迟我们对
未来的有效应对。"彼得·W. 辛格（Peter W. Singer）:《U 型弯》
（"U-Turn"），载于《武装部队杂志》（*Armed Forces Journal*），
2011 年 6 月 9 日。20 世纪无人机项目的历史发展恰恰显示了相
反的情况，即一系列项目的流产。

[15] 参见乔·贝克（Jo Becker）、斯科特·沙恩（Scott Shane）:《秘
密"刺杀名单"对奥巴马原则和意志的考验》（"Secret 'Kill
List' Proves a Test of Obama's Principles and Will"），载于《纽
约时报》，2012 年 5 月 29 日。另见史蒂夫·科尔（Steve Coll）:
《杀戮还是抓捕》（"Kill or Capture"），载于《纽约客》，2012 年
8 月 2 日。

[16] 参见梅迪亚·本杰明（Medea Benjamin）:《无人机战争：遥控
杀人》（*Drone Warfare: Killing By Remote Control*），纽约：OR
Books，2012 年。

[17] 瑞安·德弗罗（Ryan Devereaux）:《联合国对美国无人机打击
的调查引发谨慎乐观情绪》（"UN inquiry into US drone strikes
prompts cautious optimism"），载于《卫报》，2013 年 1 月 24 日。

[18] 乔治·康吉兰，《正常与病态》，巴黎：法国大学出版社，1966
年，第 7 页。

[19] 西蒙娜·薇依:《关于战争的思考》,《著作集》, 巴黎: 伽利玛
出版社, 1999 年, 第 455 页。

[20] 同上。

[21] 同上。

[22] 这个概念源自弗雷德里克·格罗 (Frédéric Gros) 的著作《暴
力状态: 关于战争结束的论文》(*États de violence. Essai sur la
fin de la guerre*), 巴黎: 伽利玛出版社, 2006 年。

危险环境下的方法论

[1] 罗伯特·L. 富沃德 (Robert L. Forward):《火星彩虹》(*Martian
Rainbow*), 纽约: Del Rey 出版社, 1991 年, 第 11 页。

[2] 约翰·W. 克拉克 (John W. Clark):《危险环境下的遥控》("Re-
mote control in hostile environments"), 载于《新科学家》(*New
Scientist*) 杂志, 第 22 卷, 第 389 期, 1964 年 4 月, 第 300—
303 页。

[3] 同上书, 第 300 页。

[4] 同上。telechir 这个词中, tele 是远的意思, kheir 是手的意思。

[5] 同上书, 第 300 页。我对重点做了标注。

[6] 同上。

[7] "远程操控"(téléarchique) 一词由伯内特·赫尔希 (Burnet Her-
shey) 于 1944 年使用并被定义为"通过无线遥控机械装置":"远
程操控——通过无线电对无人驾驶机械装置进行远程控制——
在战争结束之前可能就会有一些令人震惊的展示。正如其他一
系列设备一样, 这只是新兴电子科学的一种简单应用, 是无线
电和电视的衍生品。装载了电视摄像头的飞行器, 在远程操
控的引导下, 将被送至敌军上空, 并传输回实时图像。"伯内
特·赫尔希:《明日的天路》(*Skyways of Tomorrow*), 纽约: 外
交政策协会, 1944 年, 第 15—16 页。

[8] 武装无人机的使用, 在战略政治层面, 同样适用于这种空间的
划分, 即"安全"地带和"危险"地带的分区和庇护原则。无
人机和隔离墙一起发挥作用, 它们协调一致地构建出一种安全

模式，由一个封闭的内部空间和除去一切生命参与的外部干预组成。遥控武力的理想状态和一个"气泡国家"（État-bulle）的理念是完全一致的。关于隔离墙的政治哲学，请参考温迪·布朗（Wendy Brown）:《隔离墙》（*Murs*），巴黎：Les prairies ordinaires 出版社，2009 年。

[9] 克拉克：同前所引，第 300 页。

[10] 马尔文·明斯基（Marvin Minsky）:《远程在场》（"Telepresence"），载于《Omni》杂志，第 2 卷，1980 年 6 月，第 199 页。

[11] 匿名:《关于遥控系统最后的话》（"Last word on telechirics"），载于《新科学家》杂志，第 391 期，1964 年 5 月 14 日，第 405 页。

[12] 匿名:《关于遥控系统最后的话》，同上书，第 405 页。文章的最后模仿了希莱尔·贝洛克（Hilaire Belloc）的名言:"不管发生什么，我们都有马克沁机枪，但他们没有。"希莱尔·贝洛克:《现代旅人》（*The Modern Traveller*），伦敦：Arnold 出版社，1898 年，第 41 页。

捕食者的谱系

[1] 黑格尔:《历史哲学讲演录》，巴黎：Vrin 出版社，1963 年，第 309 页。

[2] "雄蜂没有螫针。它们就像残缺的蜜蜂：是最后一个世代，是古老的蜜蜂过时的残次品。"普林尼:《博物志》，第四卷，巴黎：Desaint 出版社，1772 年，第 237 页。

[3] "一旦任务完成，无人机可以返回基地，这是它与巡航导弹最主要的不同之处……尽管巡航导弹的前身与无人驾驶战斗飞机（UCAV）非常接近，但差异在于它们是单向平台……无人驾驶战斗飞机有能力在任务执行完毕后回到基地，第二天再次出发，这是它与巡航导弹最主要的差别"，而巡航导弹"自身就是武器，在任务完成后无法回到基地"。理查德·M. 克拉克:《无人驾驶的空中战机：由人发明，为人服务，却无人搭乘的空中力量》（*Uninhabited Combat Aerial Vehicles. Airpower by the people,*

for the people, but not with the people ），学位论文，麦克斯韦空军基地：高等空军研究院，1999 年 6 月，第 4—5 页。

[4] 参见史蒂文·扎洛加（Steven Zaloga）:《无人飞行器：机器人空战 1917—2007》（*Unmanned Aerial Vehicles: Robotic Air Warfare 1917-2007*），威斯敏斯特：鱼鹰出版社，2008 年，第 14 页。雅各布·范·斯塔弗伦（Jacob Van Staaveren）:《逐渐走向失败：1965—1966 年北越上空的空战》（*Gradual failure: the air war over North Vietnam 1965-1966*），华盛顿：空军历史和博物馆计划，2002 年，第 114 页。

[5] 约翰·L.麦克卢卡斯（John L. McLucas）:《一名技术官僚的反思：冷战期间的国防、航天、航空项目管理》（*Reflections of a Technocrat: Managing Defense, Air, and Space Programs during the Cold War*），麦克斯韦空军基地：美国空军大学出版社，2006 年，第 139 页。按照双重经济逻辑，即"受威胁的生命价值和财务成本"来看，则无人机无疑是杰出的低成本武器。《航天与航空》（*Astronautics & Aeronautics*），第 8 卷，第 11 期，美国航空航天学会（AIAA），1970 年，第 43 页。媒体重申了以上观点，认为武装无人机可以解决当前战争中的政治矛盾："自年初北越的轰炸行动升级后，在印度支那增加了 1600 多名被俘的美国士兵。如果轰炸机可以不用承载飞行员，尼克松政府在南亚维护空军力量的计划就去除了一个巨大障碍。罗伯特·巴坎（Robert Barkan）:《机器人空军即将起航》（"The robot air force is about to take off"），载于《新科学家》，1972 年 8 月 10 日，第 282 页。

[6] 战争结束后，我们就搁置了无人机而回到传统战斗机的战斗模式上。尽管此时武装无人机已经具备了理论和实验的经验。特别值得一提的是，1971 年，以色列为"火蜂"（Firebee）无人机装备了"小牛"（Maverick）导弹进行实验。参见大卫·C.哈塔韦（David C. Hataway），《培育一株"新芽"》（*Germinating a New SEAD*），学位论文，麦克斯韦空军基地：空军大学高等空军研究院，2001 年 6 月，第 15 页。

[7]　同上。

[8]　吉姆·谢夫特（Jim Schefter）:《隐秘的无人驾驶飞机》("Stealthy robot planes"），载于《科技新时代》(*Popular Science*），第231卷，第4期，1987年10月，第64—68页、第66页。

[9]　同上书，第68页。

[10]　比尔·耶纳（Bill Yenne）:《无人机的进攻：无人驾驶飞机空战》(*Attack of the Drones: A History of Unmanned Aerial Combat*），圣保罗：Zenith出版社，2004年，第85页。

[11]　同上。

[12]　《乔治·W.布什总统向军校学员发表的讲话》("President George W. Bush addresses the Corps of Cadets"），2001年12月11日。

猎捕人类的理论原则

[1]　托德·史密斯（Todd Smith）:《网络狩猎》("Cyber-Hunting"），载于《户外生活》杂志（*Outdoor Life*），http://www.outdoorlife.com/articles/hunting/2007/09/cyber-hunting。

[2]　参见马克·马修斯（Mark Matthews）:《州立法者禁止线上狩猎》("State Lawmakers Bag Online Hunting"），载于《石板》(*Slate*），2005年9月28日。

[3]　美国步枪协会，是一个依据《美国宪法》第二修正案维护枪支持有权的著名组织。

[4]　参见克里斯·阿克斯特曼（Kris Axtman）:《遥控狩猎引来各方炮轰》("Hunting by remote control draws fire from all quarters"），载于《基督教科学箴言报》，2005年4月5日。

[5]　同上。

[6]　《总统在FBI就新型恐怖主义威胁协调中心发表的讲话》("President Speaks at FBI on New Terrorist Threat Integration Center"），2003年2月14日。

[7]　埃亚勒·魏茨曼（Eyal Weizman）:《死神战术》("Thanatotactics"），载于《跳跃者》(*Springerin*），2006年6月4日（该章节

的不同版本《定点清除：空中占领》（"Targeted assassinations: the airborne occupation"），载于《空心地带：以色列占领下的建筑》（*Hollow Land: Israel's Architecture of Occupation*），伦敦：Verso，2007 年，第 239—258 页），http://www.springerin.at/dyn/heft_text.php?textid=1861&lang=en。关于以色列定点清除的战略和过度行动，参见阿里埃尔·科洛诺莫（Ariel Colonomos）：《定点清除：猎捕人类》（"Les assassinats ciblés: la chasse à l'homme"），载于《战争的赌注——先发制人的战争，公平的战争？》（*Le Pari de la guerre–guerre préventive, guerre juste ?*），巴黎：Denoël，2009 年，第 202—240 页。

[8] 魏茨曼，同前所引。

[9] 罗恩·斯卡伯勒（Rowan Scarborough）：《拉姆斯菲尔德的战争：美国反恐指挥官不为人知的故事》（*Rumsfeld's War: The Untold Story of America's Antiterrorist Commander*），华盛顿：Regnery Publishing，2004 年，第 20 页。

[10] 西摩·赫什（Seymour Hersh）：《猎捕人类》（"Manhunt"），载于《纽约客》，2002 年 12 月 23 日。

[11] 参见史蒂文·马克斯（Steven Marks）、托马斯·梅尔（Thomas Meer）、马修·尼尔森（Matthew Nilson）：《猎捕人类：寻找国家利益相关者的方法论》（*Manhunting: A Methodology for Finding Persons of National Interest*），学位论文，蒙特雷：海军研究生院，2005 年 6 月，第 19 页。

[12] 肯尼思·H. 普尔（Kenneth H. Poole）：《序言》，载于乔治·A. 克劳福德（George A. Crawford）：《猎捕人类：非常规战争的反网络组织》（*Manhunting: Counter-Network Organization for Irregular Warfare*），联合特种作战大学报告，2009 年 9 月，第 VII 页。

[13] 克劳福德，同前所引，第 7 页。

[14] 同上。

[15] 同上书，第 19 页。

[16] 同上书，第 13 页。

[17] 约翰·R. 多德森（John R. Dodson），《猎捕人类，角膜地形图，黑暗网络和渺小世界》（"Man-hunting, Nexus Topography, Dark Networks and Small Worlds"），载于《信息作战领域》（*IO Sphere*），2006 年，第 7—10 页、第 8 页。

[18] 参见莎拉·克雷普斯（Sarah Kreps）、约翰·卡格（John Kaag）：《无人驾驶飞行器在当代冲突中的使用：关于法律和伦理的分析》（"The Use of Unmanned Aerial Vehicles in Contemporary Conflict: A Legal and Ethical Analysis"），载于《政体》（*Polity*），第 44 期，2012 年 4 月，第 260—285 页、第 282 页。

[19] 克劳福德，同前所引，第 12 页。

[20] "理论家们警告我们，对人的猎捕行动有更广泛的影响和应用。它可以消灭人类个体目标并瓦解其网络，能够在面对由非国家行为者……或其利益与美国不相符的组织造成的威胁时，起到决定性的对抗作用。"按照这一定义，威胁的清单可能会非常长……同上书，第 12 页。

[21] 让·安德烈·鲁（Jean André Roux）:《打击犯罪：镇压与预防》（*Défense contre le crime: répression et prévention*），巴黎：Alcan，1922 年，第 196 页。

监视和消灭

[1] 赫拉波罗 (Horapollo): *Ori Apollinis Niliaci, De sacris notis et sculpturis libri duo*，巴黎：Kerver，1551 年，第 222 页。

[2] 由布赖恩·莫肯豪普特（Brian Mockenhaupt）引述，《我们看见过未来，它是无人驾驶的》（"We've Seen the Future, and It's Unmanned"），载于《时尚先生》（*Esquire*），2009 年 10 月 14 日。

[3] 热拉尔·德·奈瓦尔（Gérard de Nerval):《幻象集》（*Les Chimères*），《著作集 1》（*Œuvres I*），巴黎：伽利玛出版社，1956 年，第 37 页。

[4] 朱利安·E. 巴恩斯（Julian E. Barnes):《军队完善一种"对敌人进行不间断盯防"的机制》（"Military refines a 'constant stare against our enemy'"），载于《洛杉矶时报》，2009 年 11 月 2 日。

[5]　同上。

[6]　同上。

[7]　内华达山脉公司（Sierra Nevada Corporation）:《广域的空中持续监视：不眨眼的眼睛》（"Wide-area Airborne Persistent Surveillance. The Unblinking Eye"），发表于 NATO-ISTAR 研讨会上，2012 年 11 月。

[8]　参见阿尼·赫勒（Arnie Heller）:《从视频到知识》（"From video to knowledge"），载于《科学与技术评论》（*Science & Technology Review*），劳伦斯·利弗莫尔国家实验室（Lawrence Livermore National Laboratory），2011 年 4/5 月。

[9]　参见大卫·阿克斯（David Axe）、诺亚·沙克特曼（Noah Shachtman）:《空军的"全视之眼"未通过视觉测试》（"Air Force's 'All-Seeing Eye' Flops Vision Test"），载于《连线》杂志（*Wired*），2011 年 1 月 24 日。

[10]　Logos Technologies 公司"永久性监视"项目主任约翰·马里昂（John Marion）如此表示，引自乔·帕帕拉多（Joe Pappalardo）:《飞艇有眼 24/7：头顶全天候不间断的监视来了》（"The Blimps Have Eyes. 24/7 Overhead Surveillance Is Coming"），载于《大众机械》（*Popular Mechanics*），2012 年 5 月 17 日。

[11]　阿克斯、沙克特曼：同前所引。

[12]　正如一名计算机工程师指出的："有关国家安全的数据处理架构并不适用于无人机产生的多种多样且数量巨大的信息。"因此："亟需一种先进且精确的分析技术，以便工作人员对每日从行动区收集的海量数据进行分类、索引和评注的工作，并从中得出结论。"赫勒：同前所引。

[13]　《信息过载：驯服无人机的数据爆炸》（"Too Much Information: Taming the UAV Data Explosion"），《国防工业日报》（*Defense Industry Daily*），2010 年 5 月 16 日。

[14]　赫勒：同前所引。

[15]　莎伦·温伯格（Sharon Weinberger）:《ESPN 如何教授五角大楼处理海量的无人机数据》（"How ESPN Taught the Pentagon to

Handle a Deluge of Drone Data"），载于《大众机械》，2012 年 6 月 11 日。

[16]　同上。

[17]　同上。

[18]　瓦尔特·本雅明（Walter Benjamin）:《德国法西斯主义理论》（«Théories du fascisme allemand»），《著作集 2》（*Œuvres II*），巴黎：伽利玛出版社，2000 年，第 201 页。

[19]　作为"心灵之眼"（Œil de l'esprit）计划的一部分。

[20]　巴恩斯：同前所引。

[21]　《国防工业日报》，同前所引。

[22]　德雷克·格雷戈里（Derek Gregory）:《从观察到杀戮：无人机和现代晚期的战争》（"From a View to a Kill: Drones and Late Modern War"），载于《理论，文化和社会》（*Theory, Culture & Society*），第 28 卷，第 7—8 期，2011 年，第 188—215 页、第 208 页。

[23]　德雷克·格雷戈里，《下行线》（"Lines of descent"），载于《开放民主》（*Open Democracy*），2011 年 11 月 8 日，http://www.opendemocracy.net/derek-gregory/lines-of-descent。

[24]　正如沃尔和莫纳汉指出的："无人机既基于也产生于一种精算监视。它们被用来收集大量数据以测算可能的风险……同时消除网络中被认为超出容忍极限的节点。某种程度上，无人机就是监视的手段，它们符合当代监视系统类别怀疑和社会甄别的原则。"泰勒·沃尔（Tyler Wall）、托林·莫纳汉（Torin Monahan）:《来自远方的监视和暴力：无人机政治和阈限安全场景》（Surveillance and violence from afar: The politics of drones and liminal security-scapes），载于《理论犯罪学》（*Theoretical Criminology*），第 15 卷，第 3 期，第 239—254 页、第 240 页。

[25]　温伯格：同前所引。

[26]　德雷克·格雷戈里:《从观察到杀戮》，同前所引，第 195 页。

[27]　正如两位认知科学的研究者所指出的，他们正从事一项视频图像的自动化分析项目："自动识别异常且具有威胁性的行为，最

近正在成为视频监控新的关注重点：这项技术的最终目的……在于预测行为的结果。"亚历山德罗·奥尔特拉马里（Alessandro Oltramari）、克里斯蒂安·勒比耶（Christian Lebiere）:《在一种基于认知的系统中运用本体：视频监控中的自动行为识别》（Using Ontologies in a Cognitive-Grounded System: Automatic Action Recognition in Video Surveillance），载于《第七届情报、国防和安全语义技术国际会议论文集》，费尔法克斯，2012 年。

[28] 参见赫勒：同前所引。

[29] ARGUS-IS 是 "自主实时地面全域监视成像系统"（Autonomous Real-Time Ground Ubiquitous Surveillance Imaging System）的简写，这是美国国防高级研究计划局（DARPA）的一个项目，而 DARPA 则是美国著名的军事研究机构。

[30] "戈尔贡凝视" 系统由美国空军第 645 号航空系统小组研发，它有一个更美丽的代号叫作 "大狩猎旅行"（Big Safari）。它采用了与 "百眼巨人"（ARGUS）系统同样的原理，并将其强化。这一系统的设计者宣称，我们通过它可以从宏观和微观上观察 "一整座城市，而当地人将无法知晓我们到底在观察什么，但我们能看到一切"。艾伦·中岛（Ellen Nakashima）、克雷格·惠特洛克（Craig Whitlock）:《通过空军的戈尔贡无人机 "我们能看到一切"》（"With Air Force's Gorgon Drone 'we can see everything'"），载于《华盛顿邮报》，2011 年 1 月 2 日。"戈尔贡凝视" 最初被设计出来是用于装备 MQ9 死神无人机的永久性监视系统，但它有可能被运用于多个平台。

[31] 《眼球战机》（Eyeborgs）是一部令人惊叹的 B 级电影，由理查德·克莱博（Richard Clabaugh）于 2009 年执导。

[32] 大卫·罗德（David Rohde）:《无人机战争》（The Drone War），路透社，2012 年 1 月 26 日，http://www.reuters.com/article/2012/01/26/us-david-rohde-drone-wars-idUSTRE80P11I20120126。

[33] 斯坦福国际人权和冲突解决研习班（Stanford International Human Rights & Conflict Resolution Clinic）:《无人机下的生活：美国无人机在巴基斯坦对平民造成的死亡、伤痛和创伤》（Liv-

ing Under Drones: Death, Injury and Trauma to Civilians from US Drone Practices in Pakistan），2012 年 9 月，第 81 页及以下诸页，http://livingunderdrones.org/wpcontent/uploads/2012/10/Stanford-NYU-LIVING-UNDER-DRONES.pdf。

[34]　同上。

[35]　同上报告，第 83 页。

[36]　同上报告，第 81 页。

[37]　同上报告，第 87 页。

分析生命形态

[1]　美国国防科学委员会：《2004 年夏关于"向"和"从"敌对状态过渡的研究》（*2004 Summer Study on Transition to and from Hostilities*），华盛顿，2004 年 12 月，第 154 页。由德雷克·格雷戈里在《另一个时区，炸弹不安全地落下》（"In another time-zone, the bombs fall unsafely"）一文中引用，载于《阿拉伯世界地理学家》（*Arab World Geographer*），2007 年，第 9 卷，第 2 期，第 88—112 页。

[2]　乔·贝克、斯科特·沙恩：《秘密"刺杀名单"对奥巴马原则和意志的考验》，《纽约时报》，2012 年 5 月 29 日。

[3]　"Terror Tuesday"。

[4]　高洪柱在美国国际法学会年会上的讲话，2010 年 3 月 25 日。

[5]　哥伦比亚法学院人权研习班（Human Rights Clinic at Columbia Law School）、冲突平民中心（the Center for Civilians in Conflict）：《无人机对平民的影响：未经审查的成本，未被回答的问题》（*The Civilian Impact of Drones: Unexamined Costs, Unanswered Questions*），2012 年 9 月，第 8 页，http://civiliansinconflict.org/uploads/files/publications/The_Civilian_Impact_of_Drones_w_cover.pdf。

[6]　同上报告，第 9 页。还可参见丹尼尔·克莱德曼（Daniel Klaidman）：《杀戮还是俘虏：反恐战争和奥巴马政府的灵魂》（*Kill or Capture: The War on Terror and the Soul of the Obama Presidency*），

波士顿：Houghton Mifflin Harcourt，2012 年，第 41 页。

[7] 这个表述在法语中没有明显的对应表达：它指的是一种形态、"构型"或结构的分析。我们也可以将其译作生活模式、生活架构或者生活主题分析。

[8] 大卫·S. 克劳德（David S. Cloud）:《CIA 无人机更广泛的目标清单》（"CIA drones have broader list of targets"），载于《洛杉矶时报》，2010 年 5 月 5 日。

[9] 由安娜·穆林（Anna Mulrine）在《无人机驾驶员》（"UAV Pilots"）一文中引用，载于《空军杂志》（*Air Force Magazine*），第 92 卷，第 1 期，2009 年 1 月。

[10] 美国陆军:《战场手册 3-60：锁定目标流程》（*Field Manual 3-60: The Targeting Process*），2010 年 11 月，B-3。

[11] 托尼·马森（Tony Mason）、苏珊娜·福斯（Suzanne Foss）、荣·林（Vinh Lam）:《运用 ArcGIS 进行情报分析》（Using Arc-GIS for Intelligence Analysis），Esri 国际用户年会，2012 年，http://proceedings.esri.com/library/userconf/feduc11/papers/tech/feduc-using-arcgisfor-intelligence-analysis.pdf。

[12] "activity-based intelligence"（ABI）。

[13] 基思·L. 巴伯（Keith L. Barber）:《NSG 考察体系：利用大数据》（"NSG Expeditionary Architecture: Harnessing Big Data"），载于《开创者》（*Pathfinder*），第 10 卷，第 5 期，2012 年 9—10 月，第 8—10 页、第 10 页。

[14] 转引自亚当·恩图斯（Adam Entous）:《CIA 无人机在巴基斯坦扩大袭击目标范围》（"CIA drones hit wider range of targets in Pakistan"），路透社，2010 年 5 月 5 日。

[15] 克劳德：同前所引。

[16] 转引自肯·迪兰尼昂（Ken Dilanian）:《CIA 无人机或在回避巴基斯坦平民》（"CIA Drones May Be Avoiding Pakistani Civilians"），载于《洛杉矶时报》，2011 年 2 月 22 日。

[17] 温斯洛·惠勒（Winslow Wheeler）:《找到正确的目标》（"Finding the Right Targets"），载于《时代周刊》，2012 年 2 月 29 日。

[18]　贝克、沙恩：同前所引。

[19]　《对平民的影响》，同前所引，第 34 页。另见斯科特·沙恩：《无人机打击对比报告》（"Contrasting Reports of Drone Strikes"），载于《时代周刊》，2011 年 8 月 11 日。

[20]　凯特·克拉克（Kate Clark）：《塔哈尔袭击，定点清除和美国情报与阿富汗的平行世界》（"The Takhar attack, Targeted killings and the parallel worlds of US intelligence and Afghanistan"），《阿富汗分析网络专题报告》，2011 年 6 月，第 12 页。转引自德雷克·格雷戈里，http://geographicalimaginations.com。

[21]　加雷思·波特（Gareth Porter）：《麦克里斯特尔和彼得雷乌斯如何制造出滥杀无辜的杀戮机器》（"How McChrystal and Petraeus Built an Indiscriminate Killing Machine"），*Truthout*，2011 年 9 月 26 日。

[22]　同上。

[23]　乔舒亚·福斯特（Joshua Foust）：《不负责任的杀戮机器：美国无人机的真实代价》（"Unaccountable Killing Machines: The True Cost of US Drones"），《大西洋月刊》，2011 年 12 月 30 日。

[24]　对萨达乌拉·瓦齐尔（Sadaullah Wazir）的采访，转引自马蒂亚·塔希尔（Madiha Tahir）：《比炸弹更响》（"Louder than bombs"），载于《新调查》杂志（*The New Inquiry*），第 6 卷，2012 年 7 月 16 日，http://thenewinquiry.com/essays/louder-than-bombs。

杀伤盒

[1]　朱利奥·杜黑（Giulio Douhet）：《制空权》（*La Maîtrise de l'air*），巴黎：Économica 出版社，2007 年，第 57 页。

[2]　地理学家德雷克·格雷戈里指出，应当在时间和空间上同时分析这种现象，这不仅是一场"永远持续的战争"，也是"遍地开花的战争"，德雷克·格雷戈里：《无处不在的战争》（"The everywhere war"），载于《地理学报》（*The Geographical Journal*），第 177 卷，第 3 期，2011 年 9 月，第 238—250 页、第 238 页。

[3]　马克斯、梅尔、尼尔森：同前所引，第 28 页。

[4]　参见布莱克斯通（Blackstone）：《英国法律评论》（*Commentaries on the Laws of England*），纽约：加兰出版社，1978 年，第 3 卷，第 213 页。

[5]　然而要充分做到这一点，就必须复活人类公敌这个过时的概念，而这与当代法律背道而驰。参见丹尼尔·赫勒－罗赞（Daniel Heller-Roazen）：《全人类的敌人：海盗和国际法》（*Enemy of All: Piracy and the Law of Nations*），纽约：Zone Books，2009 年。

[6]　《美国国务卿沃尔福威茨接受 CNN 国际频道采访》（"Deputy Secretary Wolfowitz Interview with CNN International"），2002 年 11 月 5 日播出。

[7]　杜黑：同前所引，第 57 页。

[8]　参见埃亚勒·魏茨曼：《空心地带：以色列占领下的建筑》，伦敦：Verso，2007 年，第 239 页。

[9]　同上书，第 237 页。

[10]　埃亚勒·魏茨曼：《空中的支配权》（"Control in the air"），载于 Open Democracy，2002 年 5 月，http://www.opendemocracy.net/ecologypoliticsverticality/article_810.jsp。

[11]　20 世纪 40 年代一个被遗忘的作家曾使用过这一说法。伯内特·赫尔希（Burnet Hershey）：《空中未来：国际航空政策入门》（*The Air Future: A Primer of Aeropolitics*），纽约：Duell, Sloan & Pearce，1943 年。

[12]　魏茨曼还重申，在戴维营的谈判中，以色列同意出让土地，但要求对巴勒斯坦领土上空的"领空和电磁空间保留使用和监督权"。出让土地，是为了窃取天空。魏茨曼：同前所引。

[13]　艾莉森·J. 威廉姆斯（Alison J. Williams）：《空中主权危机？参考近期国家领空军事侵犯的影响》（"A crisis in aerial sovereignty？Considering the implications of recent military violations of national airspace"），载于《区域》（*Area*），第 42 卷，第 1 期，2010 年 3 月，第 51—59 页。

[14]　斯蒂芬·格拉汉姆（Stephen Graham）：《垂直地缘政治：巴格

达及以后》（"Vertical Geopolitics: Baghdad and After"），载于《对极》（*Antipode*），第 36 卷，第 1 期，2004 年 1 月，第 12—23 页。

[15] 《联合出版物 3-24，反叛乱行动》（*Joint Publication 3-24, Counterinsurgency Operations*），2009 年 10 月 5 日，VIII-16，无页码。

[16] 海陆空应用中心（Air Land Sea Application Center）：《战场手册 3-09.34：杀伤盒使用的多方策略、技术和流程（MTTPs）》（*Field Manual 3-09.34 Multi-Service Tactics, Techniques and Procedures (MTTPs) for Kill Box Employment*），2015 年 6 月 13 日，I-5，无页码。

[17] 同上书，第 I-1 页。

[18] 《联合出版物 3-24，反叛乱行动》，2009 年 10 月 5 日，II-19。

[19] 1996 年，一份有关武装无人机未来使用的军事前瞻报告，用极富远见的方式写道："从长远来看，无人机（UAVs）可以一方面收集目标的地理位置信息，同时在自主行动区内（'杀伤盒'）对目标发起攻击。"参见美国空军科学咨询委员会（Air Force Scientific Advisory Board, SAB）：《UAV 技术和战斗行动，3-4 SAF/PA 96-1204》（*UAV Technologies and Combat Operations, 3-4 SAF/PA 96-1204*），1996 年，3-4，无页码。

[20] 转引自詹姆斯·W. 麦格雷戈（James W. MacGregor）：《将盒子加入条令：联合条令和杀伤盒》（"Bringing the Box into Doctrine: Joint Doctrine and the Kill Box"），载于《美国陆军高等军事研究学院》（*United States Army School of Advanced Military Studies*），美国陆军指挥参谋学院，堪萨斯州利文沃斯堡，AY03-04，第 43 页。

[21] 《詹姆斯·A. 汤姆森致唐纳德·H. 拉姆斯菲尔德的备忘录》（"James A. Thomson to Donald H. Rumsfeld, memorandum"），2005 年 2 月 7 日。转引自霍华德·D. 贝洛特（Howard D. Belote）：《美国空军反叛乱空中力量：长期战争的空地一体化》（"USAF Counterinsurgency Airpower: Air-Ground Integration for

the Long War"），载于《空天力量杂志》（*Air & Space Power Journal*），第 20 卷，第 3 期，2006 年秋季，第 55—68 页、第 63 页。

[22] 同上。

[23] 美国陆军:《无人机驾驶系统，路线图，2010-2035》（*Unmanned Aircraft Systems, Roadmap, 2010–2035*），第 65 页。

[24] 肯尼思·安德森（Kenneth Anderson）:《无人机战争中的自卫与非国际性武装冲突》（"Self-Defense and Non-International Armed Conflict in Drone Warfare"），载于《法律确信》（*Opinio Juris*），2010 年 10 月 22 日，http://opiniojuris.org/2010/10/22/self-defense-and-noninternational-armed-conflictin-drone-warfare。

[25] 迈克尔·W. 刘易斯（Michael W. Lewis）:《应当如何界定 OBL 行动?》（"How Should the OBL Operation be Characterized?"），载于《法律确信》，2011 年 5 月 3 日，http://opiniojuris.org/2011/05/03/how-should-the-obl-operationbe-characterized。

[26] 迈克尔·W. 刘易斯:《无人机和战场的边界》（"Drones and the Boundaries of the Battlefield"），载于《德克萨斯国际法杂志》（*Texas International Law Journal*），第 47 卷，第 2 期，2012 年 6 月，第 293—314 页、第 312 页。

[27] 格雷戈里: 同前所引，第 242 页。

[28] 因为这是既成事实，而如今已经众所周知: 拥有美国国籍并不能让自己免于定点清除。2011 年 9 月，一名美国公民阿努阿尔·阿尔-阿瓦拉基（Anouar Al-Awlaki），在也门被无人机击杀。在决定他死亡的人来看，他也许不是，或不再是一名完整意义上的公民，也不算是真正的美国人。他 16 岁的儿子，出生于丹佛，于一周后死于前来完成收尾工作的袭击，毫无疑问，他也不算美国人。参见汤姆·芬（Tom Finn）、诺亚·布朗宁（Noah Browning）:《一名美国少年在也门: 为父赎罪?》（"An American Teenager in Yemen: Paying for the Sins of His Father?"），载于《时代周刊》，2011 年 10 月 27 日。

[29] 人权观察组织（HRW）:《关于定点清除和无人机问题致奥巴

马的信》(*Letter to Obama on Targeted Killings and Drones*),
2010 年 12 月 7 日,http://www.hrw.org/news/2010/12/07/
letter-obama-targeted-killings。

[30] 玛丽·艾伦·奥康奈尔(Mary Ellen O'Connell):《无人机战斗
中的非法杀戮:巴基斯坦的一个案例研究,2004—2009 年,
摘要》(*Unlawful Killing with Combat Drones: A Case Study of Pakistan 2004–2009, Abstract*),圣母大学法学院,《法律研究论
文》,第 09-43 期,2009 年。

[31] 同上。

[32] 正如肯尼思·安德森总结的,批评者们担心的是"无人机定点
清除技术的出现……可能扰乱和破坏战争法的一个隐性的前提:
战争的隐含地理"。肯尼思·安德森:《定点清除和无人机战
争:我们如何来探讨是否存在"战争的法律地理学"》("Targeted Killing and Drone Warfare: How We Came to Debate Whether
There is a 'Legal Geography of War'"),收录于彼得·伯科威茨
(Peter Berkowitz)主编:《国家安全和法律的未来挑战》(*Future challenges in national security and law*),《研究论文》,第 2011-
16 期,斯坦福大学胡佛研究所,第 3 页。

[33] 关于这一点,请参考凯瑟琳·芒恩(Katherine Munn)、巴
里·史密斯(Barry Smith):《应用本体论导论》(*Applied Ontology: An Introduction*),法兰克福的霍伊森施塔姆:Ontos Verlag,2008 年。

空中反叛乱

[1] 德克斯特·菲金斯(Dexter Fikins):《美国加强在阿富汗的空
袭政策》("U.S. Tightens Airstrike Policy in Afghanistan"),载于
《纽约时报》,2009 年 6 月 21 日。

[2] 切·格瓦拉(Che Quevara):《游击战》(*La Guerre de guérilla*),
巴黎:Maspéro,1966 年,第 34 页。

[3] 菲利普·S. 迈林格(Phillip S. Meilinger):《空中反叛乱》("Counterinsurgency From Above"),载于《空军杂志》(*Air Force Maga-*

zine），第 91 卷，第 7 期，2008 年 7 月，第 36—39 页、第 39 页。

[4] 卡尔·施米特（Carl Schmitt）:《政治的概念，游击队理论》（*La Notion de politique, Théorie du partisan*），巴黎：Flammarion，1992 年，第 223 页及以下诸页。

[5] 这些话出自大毛拉阿卜杜拉·黑贾兹（Maulvi Abdullah Hai-jazi），他作为一名村民对美国空袭发表意见，转引自巴里·比拉克（Barry Bearak）:《地面上的死亡，阿富汗村庄遭受美国空袭，死亡人数不详》（"Death on the ground, U.S. Raid Kills Unknown Number in an Afghan Village"），载于《纽约时报》，2001 年 10 月 13 日。

[6] 查尔斯·J. 邓拉普（Charles J. Dunlap）:《联合反叛乱条令下有关航空的思考》（"Air-Minded Considerations for Joint Counterinsurgency Doctrine"），载于《空天力量杂志》（*Air & Space Power Journal*），2007 年冬季，第 63—74 页、第 65 页。

[7] 查尔斯·J. 邓拉普:《发动革命性的改变：当今反叛乱行动中的空中力量》（"Making Revolutionary Change: Airpower in COIN Today"），载于《参数》（*Parameters*），2008 年夏季，第 52—66 页、第 58 页。

[8] 转引自邓拉普，同上刊，第 58 页。

[9] 同上。

[10] 安吉丽娜·M. 马金尼斯（Angelina M. Maguinness）:《反叛乱："空中威慑"是答案吗？》（"Counterinsurgency: Is "Air Control" the Answer?"），载于《小型战争杂志》（*Small Wars Journal*），2009 年 6 月，http://smallwarsjournal.com/blog/journal/docstemp/261-maguinness.pdf。

[11] F. S. 基恩（F.S. Keen）:《在何种程度上战争最新的科学和机械手段影响了印度西北边境的作战行动？》（"To What Extent Would the Use of the Latest Scientific and Mechanical Methods of War affect the Operations on the North-West Frontier of India？"），载于《印度联合兵种协会杂志》（*Journal of the United Service Institution of India*）53，第 233 期，1923 年，第 400 页。转引

自安德鲁·罗（Andrew Roe）:《航空与游击战: 对印度西北边境"空中威慑"的建议》（"Aviation and guerilla war: Proposals for 'air control' of the North-West Frontier of India"），载于《皇家空军空中力量评论》（*Royal Air Force Air Power Review*），第41卷，第1期，2011年，第55页。可同时参见德雷克·格雷戈里:《从观察到杀戮》，同前所引，第189页。

[12] 着重号是我加的。马金尼斯: 同前所引。

[13] 同上。

[14] 理查德·安德烈斯（Richard Andres）:《空袭在小型战争中的新作用: 对乔恩·康普顿的回应》（"The New Role of Air Strike in Small Wars: A response to Jon Compton"），载于《小型战争杂志》（*Small Wars Journal*），2008年7月，http://smallwarsjournal. com/blog/the-new-role-of-air-strike-in-small-wars。

[15] 阿伦特曾警告说:"在政治领域，保密和故意欺骗一直发挥着重要的作用，而最危险的则是自我欺骗: 自欺欺人的人，不但会失去与公众的联系，也会失去一切与现实世界的联系，但现实世界终究会追赶上他，因为尽管他的思想可以逃离现实，他的肉体却不能。"汉娜·阿伦特:《从谎言到暴力》（*Du mensonge à la violence*），巴黎: Calmann-Lévy，1989年，第39页。

[16] 戴维·基尔卡伦（David Kilcullen）、安德鲁·麦克唐纳·艾克萨姆（Andrew McDonald Exum）:《自上的死亡，自下的愤怒》（"Death from Above, Outrage Down Below"），载于《纽约时报》，2009年5月17日。

[17] 同上。

[18] 同上。

[19] 同上。

[20] 大卫·加鲁拉（David Galula）:《反叛乱: 理论与实践》（*Contre-insurrection. Théorie et pratique*），巴黎: Économica，2008年，第16页。

[21] 大卫·基尔卡伦:《反叛乱再现》（"Counterinsurgency Redux"），载于《幸存》（*Survival*），第48卷，第4期，2006年12月，

第 111—130 页、第 117 页。

[22] 同上文，第 113 页。

[23] 大卫·基尔卡伦:《反叛乱》(*Counterinsurgency*)，牛津：牛津大学出版社，2010 年，第 188 页。

[24] 《反叛乱》("Counterinsurgency")，载于《联合出版物 1-02 国防部军事及相关术语词典》(*Joint Publication 1-02 Department of Defense Dictionary of Military and Associated Terms*)，2010 年，第 69 页。

[25] 基尔卡伦:《反叛乱再现》，同前所引，第 6 页。

[26] 基尔卡伦:《反叛乱》，同前所引，第 186 页。

[27] 同上书，第 187 页。

[28] 大卫·基尔卡伦:《反击全球叛乱》("Countering Global Insurgency")，载于《战略研究杂志》(*The Journal of Strategic Studies*)，第 28 卷，第 4 期，2005 年 8 月，第 597—617 页、第605 页。

[29] 彼得·马图利奇 (Peter Matulich):《为什么反叛乱原则不与无人机共舞》("Why COIN Principles Don't Fly with Drones")，载于《小型战争杂志》(*Small Wars Journal*)，2012 年 2 月，http://smallwarsjournal.com/jrnl/art/why-coin-principles-dont-fly-with-drones。

[30] 转引自舒亚·纳瓦兹 (Shuja Nawaz):《法塔，最危险的地方:在巴基斯坦联邦直辖部落地区应对好战主义和恐怖的挑战》(*Fata, a most dangerous Place: meeting the challenge of militancy and terror in the federally administered tribal areas of Pakistan*)，战略与国际研究中心，2009 年 1 月，第 18 页，http://csis.org/files/media/csis/pubs/081218_nawaz_fata_web.pdf。

[31] 《联合出版物 3-24，反叛乱行动》，2009 年 10 月 5 日，第 XV 页。

[32] 邓拉普:《发动革命性的改变》，同前所引，第 60 页。

[33] 同上。

[34] 同上文，第 59 页。

[35] 安德烈斯:《空袭在小型战争中的新作用》,同前所引。

[36] 约书亚·S. 琼斯:《(也许)必要但不够:通过反叛乱的滤镜评估无人机打击》("Necessary (Perhaps) But Not Sufficient: Assessing Drone Strikes Through A Counterinsurgency Lens"),载于《小型战争杂志》,2012 年 8 月,http://smallwarsjournal.com/blog/neces sary-perhapsbut-not-sufficient-assessing-drone-strikes-through-a-coun terinsurgency-lens。

弱点

[1] 布拉瑟尔·德·布尔堡(Brasseur de Bourbourg):《加拿大史》(*Histoire du Canada*),第一卷,巴黎:Plancy,1852 年,第 21 页。

[2] 路易·德·贝克尔(Louis de Baecker):《荷兰语》(*De la langue néerlandaise*),巴黎:Thorin,1868 年,第 40 页。

[3] 费利斯(Felice):《百科全书,或通用人类知识词典》("*Ency- clopédie ou Dictionnaire universel raisonné des connaissances*"),第 III 卷,1781 年,Yverdon,第 570 页。

[4] 同上。

[5] 马克·马泽蒂(Mark Mazzetti):《无人机飞行区》("The Drone Zone"),载于《纽约时报》,2012 年 7 月 6 日。

[6] 《五角大楼德普图拉中将和马修森上校召开美国国防部新闻简报会》("DoD News Briefing with Lt. Gen. Deptula and Col. Mathew- son from the Pentagon"),2009 年 7 月 23 日。

[7] 西沃恩·戈尔曼(Siobhan Gorman)、约奇·J. 德莱岑(Yochi J. Dreazen)、奥古斯特·科尔(August Cole):《叛乱分子利用黑客入侵美国无人机,26 美元的软件被用来破解伊拉克战争的关键武器;怀疑背后有伊朗支持》("Insurgents Hack U.S. Drones, $26 Software Is Used to Breach Key Weapons in Iraq;Iranian Backing Suspected"),载于《华尔街日报》,2009 年 12 月 17 日。

[8] 合众国际社(UPI):《随着网络战的扩大,以色列对无人机进行加密》("Israel encrypts UAVs as cyberwar widens"),2012 年 6 月 12 日。

[9] 诺亚·沙特曼（Noah Shachtman）:《电脑病毒袭击美国无人机战队》（"Computer Virus Hits U.S. Drone Fleet"），载于《连线》杂志，2011 年 7 月 10 日。

[10] 洛伦佐·弗朗切斯基－比齐埃莱（Lorenzo Franceschi-Bicchierai）:《劫持无人机？GPS 定位系统故障只是开始》（"Drone Hijacking? That's Just the Start of GPS Troubles"），载于《连线》杂志，2012 年 7 月 6 日。

[11] 乔良、王湘穗:《超限战》（La Guerre hors limites），巴黎:Payot，1999 年，第 140 页。

[12] 特伦特·A. 吉布森（Trent A. Gibson）:《执着于保护部队：在反叛乱战争中将部队安全与任务完成混为一谈》（Hell-Bent on Force Protection: Confusing Troop Welfare With Mission Accomplishment in Counterinsurgency），硕士论文，匡提科：海军陆战队大学，2009 年，第 6 页。

[13] 参见迈克·戴维斯（Mike Davis）:《汽车炸弹简史》（Petite Histoire de la voiture piégée），发现出版社（La Découverte），2007 年，第 242 页。

[14] 不让生命暴露在危险境遇下的原则之外，还有一条原则是保护作战行动基地的安全："美国国土应当作为空军在全球范围内投射力量的安全基地"——言外之意，"必须确保美国国民和力量投射所需的基础设施的安全"。史蒂文·M. 里纳尔迪（Steven M. Rinaldi）、唐纳德·H. 利瑟姆（Donald H. Leathem）、蒂莫西·考夫曼（Timothy Kaufman）:《保卫国土的空军：在国土安全问题中的角色》（"Protecting the Homeland Air Force, Roles in Homeland Security"），载于《航空力量杂志》（Aerospace Power Journal），第 1 期，2002 年春季，第 77—86 页、第 83 页。

[15] http://blogs.the-american-interest.com/fukuyama/2012/09/20/surveillance-drones-take-two.

[16] 视频可见：http://www.youtube.com/watch?v=M9cSxEqKQ78 或 http://www.team-blacksheep.com。

[17] 《恐怖分子的无人驾驶空中力量》（"Terrorists' Unmanned Air

Force"），载于《防御技术》（*Defensetech*），2006 年 5 月 1 日，http://defensetech.org/2006/05/01/terrorists-unmanned-air-force/#ixzz2KA7CFbpu。在丹尼斯·戈姆利（Dennis Gormley）看来，未来最有可能出现的情形就是"组装的飞机或其他传统的民用飞行器将转变成'穷人的无人机'"。丹尼斯·戈姆利:《无人机和巡航导弹可能成为恐怖武器》，载于 *Occasional Paper*，第 12 期，防扩散研究中心（Center for Nonproliferation studies），2003 年，第 8 页。

[18]   DIIR SCID 010-07-0410 报告，2006 年 11 月。参见《伊拉克战争日志：基地组织新自杀式爆炸战术》（"Iraq war logs: Al Qa-ida's new suicide bombing tactics"），载于《卫报》，2010 年 10 月 22 日，http://www.guardian.co.uk/world/iraq/warlogs/C39190D30310-47E3-A50A-27B920C4A81B。

无人机与自杀式袭击者

[1]   转引自彼得·W. 辛格:《联网作战：21 世纪的机器人革命和冲突》（*Wired For War: The Robotics Revolution and Conflict in the 21st Century*），纽约：企鹅出版社，2009 年，第 62 页。

[2]   通过无限遥控，我们就能希冀突破有机体的机能上限，提高精确性以降低误差，并摆脱对速度的恐惧。1934 年富勒将军看出目的论的原则必然会导致幽灵战机的出现："纪律、训练和才能都能削弱人的恐惧，但不能消除它。所以我认为，军事上的下一个重大发明将是无人飞机……如果电波可以驱动无人驾驶的飞机，那就说明，它也可以在无人的情况下驱动和发射大炮、坦克和潜水艇，以及其他静态或移动的武器。从远程发射武器并能全程控制它的发射路线，就部分或完全消除了过去战争中的一个薄弱环节——人的因素。"约翰·弗雷德里克·查尔斯·富勒（John Frederick Charles Fuller):《现代战争的速度》（"Speed in modern warfare"），收入文集《速度之书》（*The Book of Speed*），伦敦：巴茨福德出版社（Batsford），1934 年，第 138 页。

[3] 瓦尔特·本雅明（Walter Benjamin）:《机械复制时代的艺术作品》（*L'Œuvre d'art à l'époque de sa reproduction mécanisée*），《法语著作》，巴黎：伽利玛出版社，1991 年，第 148 页。感谢马克·贝尔代（Marc Berdet）提供这条参考资料。

[4] 同上。

[5] 弗拉基米尔·K. 兹沃里金（Vladimir K. Zworykin）:《带电子眼的飞行鱼雷》（"Flying Torpedo with an Electric Eye"）（1934），收录于亚瑟·F. 范·戴克（Arthur F. Van Dyck）、罗伯特·S. 伯纳普（Robert S. Burnap）、爱德华·T. 迪基（Edward T. Dickey）、乔治·M.K. 贝克（主编）的《电视》（*Television*），第四卷，普林斯顿：美国无线电公司（RCA），1947 年，第 359—368 页、第 360 页。

[6] 同上。

[7] 理查德·科恩（Richard Cohen）:《奥巴马要想在阿富汗获胜，需要的不仅是个性》（"Obama Needs More Than Personality to Win in Afghanistan"），载于《华盛顿邮报》，2009 年 10 月 6 日。

[8] 理查德·科恩:《是否值得付出这么多的生命代价向阿富汗增兵？》（"Is the Afghanistan surge worth the lives that will be lost ?"），载于《华盛顿邮报》，2009 年 12 月 8 日。

[9] 《自杀式炸弹袭击者：尊严、绝望和对希望的诉求——访艾亚德·艾尔－萨拉杰》（"Suicide bombers: dignity, despair and the need for hope–Interview with Eyad El Sarraj"），载于《巴勒斯坦研究杂志》（*Journal of Palestine Studies*），第 31 卷，第 4 期，2002 年夏季，第 71—76 页，第 74 页。转引自杰奎琳·罗丝（Jacqueline Rose）:《致命拥抱》（"Deadly embrace"），载于《伦敦书评》（*London Review of Books*），第 26 卷，第 21 期，2004 年 11 月 4 日，第 21—24 页，http://www.lrb.co.uk/v26/n21/jacqueline-rose/deadly-embrace。

[10] 杰奎琳·罗丝：同上。

[11] 休·盖斯特森（Hugh Gusterson）:《一个美国的自杀式爆炸袭击者？》，载于《原子科学家公报》（*Bulletin of the Atomic Scien-*

tists), 2010 年 1 月 20 日, http://www.thebulletin.org/web-edition/columnists/hugh-gusterson/american-suicide-bomber。塔拉尔·阿萨德补充说:"西方势力的军事干预延续了殖民地时期的传统, 显然他们要保护的不是生命本身, 而是建设和颂扬某些特定的人群, 同时放逐除此之外的其他人群。"阿萨德: 同前所引, 第 36 页。

[12] "那么, 如果凶手在行凶的同时出于自己的自由意志而选择同归于尽, 会发生什么情况呢? 也就是说, 如果罪与罚合二为一的话会怎样? ……复仇总是以反击为理由来证明自己的正当性, 这就是为什么要把罪与罚在时间上区分开。只有在这一区分无法实现的时候, 比如像自杀式袭击这样的事件, 那些与死者认同并依赖报复性正义获得满足感的目击者的基本认同感可能会受到根本性的威胁, 并被恐怖所笼罩。"阿萨德: 同前所引, 第 90 页。

[13] 盖斯特森: 同前所引。

[14] 让·德·沃泽勒 (Jean de Vauzelles);《死神形象》(*Imagines mortis*), 科隆: Birckmann, 1555 年, 图 40 (细部)。

"逆我者亡"

[1] 拉乌尔·卡斯泰 (Raoul Castex):《潜水艇战概要》(*Synthèse de la guerre sous-marine*), 巴黎: Challamel, 1920 年, 第 121 页。

[2] 伏尔泰:《风俗论》(*Essai sur les moeurs*),《全集》, 巴黎: Garnier, 1878 年, 第 11 卷, 第 349 页。

[3] 塔拉尔·阿萨德 (Talal Asad):《论自杀式爆炸袭击》(*On Suicide Bombing*), 纽约: 哥伦比亚大学出版社, 2007 年, 第 35 页。

[4] 大卫·贝尔 (David Bell):《为无人机正名: 一种历史观点》("In Defense of Drones: A Historical Argument"), 载于《新共和》(*The New Republic*), 2012 年 1 月 27 日。

[5] 恩斯特·荣格尔 (Ernst Jünger):《戈尔迪的绳结》(*Le Noeud gordien*), Bourgois, 1995 年, 第 57 页。

[6] 阿萨德: 同前所引, 第 35 页。

战斗精神的危机

[1] 转引自卡斯泰：同前所引，第 125 页。

[2] 约翰·卡格（John Kaag）和莎拉·克雷普斯（Sarah Kreps）：《无人机的道德风险》（"The Moral Hazard of Drones"），载于《石头》（The Stone），《纽约时报》博客，2012 年 7 月 22 日。

[3] 卢梭的经典论述，《社会契约论》，第一卷，第三章，巴黎：Flammarion 出版社，2001 年，第 49 页。

[4] 《卡尔多将军，我们时代的军事异端和叛道者》（Général Cardot, Hérésies et apostasies militaires de notre temps），巴黎 / 南锡，1908 年，第 89 页。转引自弗朗索瓦·拉格朗日（François Lagrange）：《"必死无疑"的战士：第一次世界大战前夕有关牺牲的意义》，载于《文化和冲突》（Cultures et conflits），第 63 期，2006 年，第 63—81 页。

[5] 此话源自德拉戈米尔罗夫将军（le général Dragomiroff），转引自 P. 瓦西里伯爵（le Comte P. Vassili）：《神圣俄罗斯》（La Sainte Russsie），巴黎：Firmin-Didot 出版社，1890 年，第 134 页。

[6] 毛泽东：《论持久战》，见《军事文集》，北京：外文出版社，1968 年，第 261 页。（参见《毛泽东选集》第 2 卷，人民出版社，1991 年，第 482 页。——译者）

[7] 黑格尔：《法哲学原理》，第 327 节补充，巴黎：Vrin 出版社，1982 年，第 327 页。

[8] 这一说法来自英国空军军官布莱恩·伯里奇（Brian Burridge）。

[9] 参见爱德华·N. 勒特韦克（Edward N. Luttwak）：《战略大辞典：和平与战争》（Le Grand Livre de la stratégie: de la paix et de la guerre），巴黎：Odile Jacob 出版社，2002 年。

[10] 参见麦克卢卡斯：同前所引，第 141 页。

[11] 收听链接如下，影片由手工绘制：http://www.youtube.com/watch?v=t8-kNPKNCtg。

[12] 该主题的阅读可以参见弗兰克·巴雷特（Franck Barret）:《男性霸权的组织结构：以美国海军为例》（"The Organisational Construction of Hegemonic Masculinity: The Case of the US Navy"），

载于《性别，工作和组织》(*Gender, Work and Organisation*)，第 3 卷，第 3 期，1996 年，第 129—142 页。

[13] 本雅明：《德国法西斯主义理论》，同前所引，第 199 页。

[14] 《JDN 2/11：英国无人驾驶飞机系统的路径》(*JDN 2/11: The UK Approach to Unmanned Aircraft Systems*)，转引自沃尔特·平卡斯 (Walter Pincus)：《无人机是战争的技术引爆点吗？》("Are drones a technological tipping point in warfare？")，载于《华盛顿邮报》，2011 年 4 月 24 日。

[15] 艾尔·卡门 (Al Kamen)：《无人机驾驶员授勋？》("Drone pilots to get medals？")，载于《华盛顿邮报》，2012 年 9 月 7 日。这枚勋章自此之后便创立了。参见安德鲁·蒂尔曼 (Andrew Tilghman)：《无人机驾驶员的新勋章等级超越青铜星章》("New medal for drone pilots outranks Bronze Star")，载于《军事时代》(*Military Times*)，2013 年 2 月 13 日。

[16] 转引自格雷格·贾飞 (Greg Jaffe)：《战斗的一代：无人机操作员乘上空军变革的顺风》("Combat Generation: Drone operators climb on winds of change in the Air Force")，载于《华盛顿邮报》，2010 年 2 月 28 日。

[17] 马泽蒂 (Mazzetti)：同前所引。

[18] 这一概念和自相矛盾的现象，以类似的方式，出现在当今许多其他的职业活动中。参见克里斯托夫·德茹尔 (Christophe Dejours)：《法兰西的苦难：社会不公的普遍化》(*Souffrance en France, la banalisation de l'injustice sociale*)，巴黎：瑟伊出版社，1998 年，第 108 页及以下诸页。

[19] 《勇敢到能杀戮》("Brave Enough to Kill")，http://www.patheos.com/blogs/unequallyyoked/2012/07/brave-enough-to-kill.html。

[20] 阿尔弗雷德·德·维尼 (Alfred de Vigny)：《军旅回忆》("Souvenirs de servitude militaire")，《文集》，第一卷，布鲁塞尔：Méline 出版社，1837 年，第 11 页。

[21] 简·亚当斯 (Jane Addams)：《反抗战争》("The revolt against war")，收录于《海牙的妇女：国际妇女大会及其成果》(*Wom-*

en at The Hague: The International Congress of Women and Its Re-
sults*），厄巴纳：伊利诺伊大学出版社，2003 年，第 35 页。

[22] 同上书，第 34 页。

[23] 同上书，第 35 页。

无人机的精神病理学

[1] 弗洛伊德：《战争神经症的心理分析导言》（"Introduction à *La
Psychanalyse des névroses de guerre*"），收入《结论，观点，问题》，
第一卷，巴黎：法国大学出版社（PUF），1984 年，第 247 页。

[2] 斯科特·林德劳（Scott Lindlaw）：《遥控作战人员承受战争压力：
捕食者无人机操作员同战场同僚一样，易产生心理创伤》（"Re-
motecontrol warriors suffer war stress: Predator operators prone to
psychological trauma as battlefield comrades"），美联社，2008 年
8 月 7 日。

[3] 同上。

[4] 军事网站论坛讨论区，网址：http://www.militarytimes.com/，《主
题：无人机操作员承受战争压力》，于 2011 年 5 月查看。

[5] 同上。

[6] 布雷克·莫洛克（Blake Morlock）：《飞行员人在图森；飞机在伊
拉克战场上空》（"Pilot is in Tucson ; his aircraft's over Iraq battle-
field"），载于《图森公民》（*Tucson Citizen*），2007 年 8 月 30 日。

[7] 马特·J. 马丁（Matt J. Martin）、查尔斯·W. 萨瑟（Charles W.
Sasser）：《捕食者：伊拉克和阿富汗上空的遥控空战》（*Predator:
The Remote-Control Air War Over Iraq and Afghanistan*），Zenith
Print，2010 年，第 31 页。

[8] 辛格：同前所引，第 332 页。

[9] 马泽蒂（Mazzetti）：同前所引。

[10] 《进入地面控制：从头开始的无人机》（"Come in Ground Control:
UAVs From the Ground Up"），载于《空军技术》（*Airforce Tech-
nology*），2010 年 11 月 17 日，http://www.airforce-technology.com/
features/feature101998。

[11] 奥尔特加（Ortega）于 2012 年 1 月在布鲁金斯学会（Brookings Institution）举行的一场会议上，与彼得·辛格一起展示了他的研究成果。我从下面的誊本中引用了他的话：http://www.brookings.edu/events/2012/02/03-military-medical-issues。

[12] 同上。

[13] 同上。

[14] "我们没有真正详细地研究这种罪恶感究竟为何。我们只知道当事情变糟的时候，这种负罪感确实存在。他们开始谈论一些自身内部的东西。事实上我们正在试图在受到安全保护的环境内部安排更多的随军牧师，并增加医疗技术人员的人数。"同上。

[15] 著名的《精神障碍诊断与统计手册》（*Diagnostic and Statistical Manual of Mental Disorders*，缩写为 DSM），由美国精神医学学会（American Psychiatric Association）出版。

[16] DSM 第四版（DSM-IV），《诊断与标准》（*Diagnosis & Criteria*），309.81。

[17] 同上。

[18] 美国海军陆战队：《战斗压力——军队战地手册》（*Combat Stress–Army Field Manual [FM] 90-44/6-22.5*），2000 年。

[19] 卡尔·亚伯拉罕（Karl Abraham）:（无标题），收录于厄内斯特·琼斯（Ernest Jones）主编的《精神分析和战争神经症》（*Psycho-Analysis and the War Neuroses*），"国际精神分析系列丛书"，伦敦 / 维也纳 / 纽约：国际精神分析出版社，1921 年，第 22—29 页、第 25 页。

[20] 同上。

[21] 同上书，第 247 页。值得注意的是，弗洛伊德的观点远不像格罗斯曼（Grossman）的观点那么温和，而我会在之后的篇章里讨论"抵触杀戮"（répugnance à tuer）的问题。弗洛伊德没有首先将抗拒杀戮假设为人类学的主要事实，弗洛伊德更多地强调自相矛盾的自我之间的冲突，以及在战争条件下释放出的杀戮冲动所代表的威胁。

[22] 冲突"发生在旧的和平自我和新的战士自我之间，而当和平的自我发现自己面临的巨大风险源自这个寄生虫一样的新生自我的冒险行为时，这种冲突就会变得愈加尖锐。我们也可以说，旧的自我通过创伤性的神经症来逃避对自身生命的威胁，防止新的自我危及自己的生命。"弗洛伊德：同前所引，第 245 页。

[23] 参见雷切尔·麦克奈尔（Rachel MacNair）:《行凶诱发的创伤性压力：谋杀的心理后果》(*Perpetration-Induced Traumatic Stress: The Psychological Consequences of Killing*)，韦斯特波特：Praeger/Greenwood 出版社，2005 年。

远程杀戮

[1] 马丁、萨瑟：同前所引，第 85 页。

[2] 哈伦·法罗基（Harun Farocki）:《幻象》("Phantom Images")，载于《公共》(*Public*)，第 29 期，2004 年，第 12—24 页、第 17 页。20 世纪 20 年代的电影工作者，发明了从人类不可能看到的视角进行拍摄的方法（比如从一辆疾驰的列车下面看过去），这种拍摄手法被称为"幻影镜头"(phantom shots)。无人机的摄像头被固定在机头下面，拍摄的画面与过去飞行员在仪表盘前看到的画面是不同的：无人机是从纵向，而不是横向瞄准地面的。无人机采用的视角是垂直的垂悬角度，与从前驾驶员从驾驶舱以及炮兵从玻璃圆顶中看出去的水平视角完全不同。从这种意义上讲，这种视角不同于以往的主观视角。用于指代这种模棱两可的形式，法罗基建议创造另一个术语："我们可以将影片看作是一个炸弹视角下的主观幻影。"同上所引，第 13 页。这种说法恰当地捕捉到了无人机截取画面的性质：一种"主观幻影"。

[3] 法罗基的理论与维利里奥（Virilio）的观点之间存在一个重要的细微差别：维利里奥指出"对于战士而言，武器就等同于眼睛"，法罗基补充道："战争机器……是一种表现工具。"保罗·维利里奥（Paul Virilio）:《战争与电影：知觉的后勤学》(*Guerre et cinéma. Logistique de la perception*)，巴黎：Cahiers du cinéma，1984 年，第 26 页。

[4]　马蒂厄·特里克洛（Mathieu Triclot）:《电子游戏的哲学》(*Philosophie des jeux vidéo*)，"Zones 丛书"，巴黎: La Découverte，2011年，第 94 页。所不同的是，在这种情况下，可付诸行动的符号会在另一种工具现实中重复，因为一旦它被激活，它也会激活现实世界中的外围设备。

[5]　« Stáca »，《古代法与英格兰制度，第二卷，词汇表》(*Ancient laws and institutes of England, II, Glossary*)，伦敦: Eyre & Spottiswoode，1840 年，无页码。

[6]　戴夫·格罗斯曼（Dave Grossman）:《论杀戮: 在战争和社会中学习杀戮的心理代价》(*On Killing: The Psychological Cost of Learning to Kill in War and Society*)，纽约: Back Bay Books，1995年，第 98 页。

[7]　同上书，第 59 页。

[8]　同上书，第 107 页。

[9]　同上书，第 118 页。

[10]　关于我提出的"实用性共同在场"(*coprésence pragmatique*) 概念，我想在此插入一条较长的理论评论。地方性在场 (présence locale) 指的是一个实体和一个地点的关系（定位上的关系），而共同在场 (coprésence) 仅由实体（存在或事件）之间的关系来决定。共同在场意味着彼此同时在场。一般情况下，共同在场的前提是拥有共同的定位——要共同在场就必须处在同一个地点，而情况并非总是如此，远程技术改变的恰恰是这一点。

共同在场更多被定义为"对…在场"，而不一定是"为…在场"。我们经常会有这样的体验: 我们与他人共同在场却不自知。他也在那里，但我还没有看到他。也就是说，共同在场不需要主体意识到自己正与他人共同在场。而共同在场也不仅限于主观感受。事物，以及无生命的物质都可以共同在场。

但共同在场不是简单的共同存在。两个实体要共同存在，只需要在相同的时间里同时存在就可以了。但共同在场在此基础上，还包含了一种可能性，就是一个条件可能影响到另一个条件，或者被另一个条件所影响（因果关系）。换句话说，共同在场意味着一种瞬间的但未必更新过的真实关系。再换一种说法，就是一方可触及另一方。要共同在场，双方必须处于触手可及的范围内。两支军队共同在场是因为他们处在对方的射程之内，尽管彼此还没有交火。正是这种范围将共同在场作为一个实用概念与简单的共存区分开来。共同在场假设，在两个实体单纯地同时存在之外，一个实体还处在另一个的范围内。只要几个实体同时存在就可以算作是客观的共同存在，在此基础上，我们可以进一步划分出几个规定共同在场的明确范围。实用性共同在场的范围划定，取决于一个实体是否将另一个实体包含在自己的因果场内。对于人类或动物而言，这种因果场对应的就是行动和知觉场，或是其动觉场（champ kinesthésique）。共同在场就是双方中的一方，与另一方在知觉场或因果场的至少一个层面发生重叠。共同在场的实用范围指的就是，可能的知觉影响区域（感知或被感知）或是行动区域（施动或受动）。有多少个范围就有多少共同在场的可能维度。我们可能在视觉范围内，听觉范围内，触觉范围内……这些不同的范围对应着共同在场的不同方面和维度，而这些范围本身也有不同的外延。一般来讲，距离越短，可用的感官范围就越广，共同在场就体现得越完整。不同的维度之间有不同的覆盖或重叠区域。因此视情况的不同，比如维度能在多大程度上进行组合，或者范围存在多大程度的重叠，共同在场经验的丰富程度也可能不同。当距离涉及"经验世界的层面"时，就不再是一个单纯的定量概念，而会受到不同动觉范围消失边界的定性阈值的影响。从这个角度来看，两个实体之间距离远近的差别，在于其共同在场维度在堆叠上的丰富程度。他在火车站的站台上，我可以同他说话，再最后拥抱他一下，但火车渐渐远去，我就只能远远地看着他了：丰富且多维度的共同在场在此过程中逐渐变得单调，最后只剩下了视觉范围。范围的概念，因为存在限制，从定性的角度决定了距离的远近。最接近的距离，就是所有的范围都可以重叠起来。但经过一系列的过渡，随着我渐渐远离，我将依次突破共同在场的许多范围边界。这些范围根据不同的方面存在不同的外延：比如说视觉感官的范围通常要比触觉感官的范围更广。眼睛能看到的通常要比手能够到的远。事实上动觉范围可以被分解为多个拥有不同外延的领域，互相包裹成一个同心球状。实用性共同在场的关系丰富与否，完整与否，取决于它的范围大小。因此，距离的远近也不仅仅是度量概念：它们对应的不仅仅是实际上穿过中间空间所需的时间，在共同在场的范围内，还体现在共同在场不同层面不同程度的完整集合的阈值上，以及在所处的关系中，我们是否在他人的范围之内，或者他人是否在我们的范围内（主体之间可能的关系模式也很多，包括活体）。而共同在场层面的范畴也不仅限于不同的感官知觉。例如，它还包括在当前语境下处在核心位置，我们可以称之为致命区，或反过来称之为脆弱区的层面，起初这一区域只是局限于捕食者和猎物之间，爪子、肢体或尖齿能触及的范围，以及两者速度和耐力的相对关系。换句话说，从实用角度讲，有必要将距离从一个严格的数字概念转变成一个范围或长度概念，其半径决定了共同在场可能范围的界限和外延。

　　范围的半径也因相关的个人或实体而异。最典型的就是，一个人的视觉范围可能比另一个人的更宽广。这就造成一种矛盾的结果，如果我的视力更好，那这种情况下在我出现在他面前之前，他已经出现在了我面前。这一结果很矛盾是因为它再次说明，共同在场不一定是对等的。猎物和躲藏在阴影中的捕食者是共同在场的，尽管猎物还没有看到捕食者。要使共同在场成立，就需要众多条件中至少有一个条件处在对方至少一个范围中。确实存在单方面共同在场的矛盾形式，实体 A 可以作用于实体 B 或被实体 B 所影响，但反过来却不成立。"co-"（共同）这个前缀并不代表关系上的相互性，而是一种共同包含的事实。当两种条件都包含于同一个感知或行动范围时，共同在场就成立了。共同在场，意味着两个条件都被包含在同一个实用范畴里。但其实一个条件满足就够了。这就是我们说的单方面共同在场，它是指一方在不对等的情况下进入另一方的范围内。因此共同在场根据不同的层面不但有不同的范围而言，还根据双方关系是否对等而产生不同的形态结构。我所说的共同在场的结构，指的是在一种关系中，一个实体处在另一个的范围之内，不管这种关系是否对等。共同在场的结构决定了在这种关系中，每个实体向对方能做或不能做什么。这种结构确定了构成这种关系的实用规则（例如：双方可以彼此看到，但不能交谈，但如果我的声音比你的声音传得更远，我就能听你说话，但听不到你回话）。共同在场的结构和范围可以通过多种方式进行组合，在此基础上，我们就很容易通过不同的组合创建共同在场的配置表格，建立关于共同在场可能形式的类型学，从而凸显出罕见或意外的情况。例如有关隐形人的假想情况就会被归到这种类型里：这是一种在视觉领域不对等，但在触觉或致命领域对等的共同在场的情形。这些共同在场的配置会成为双方争斗的对象，因为每一方都想修改规则使其更符合自己的利益。有各种各样有效程度不同的策略，可以立即让一个本来对等的共同在场结构变得不对等。动物世界中以及战争史和军备史上就充斥着这样的策略。比如我们可以设法扩大我们的射程，从而得以击中对方，但由于没有同样的设备，对方无法击中我们。当我们在对方的感知和行动范围内时，我们可以试图让自己不被察觉：利用伪装或其他的隐形手段。但是，运用简单的计谋但不改变共同在场的总体结构，与试图扰乱各种条件，从根本上改变结构使其成为单方面共同在场的行为，是完全不同的。

一般来说，对于没有装备仪器的人体而言，共同在场就意味着同在一个地方，但涉及远程技术，情形就改变了。从根本上讲，远程技术让共同在场的实用关系无需再与身体必须处在同一地点的条件挂钩。但远程技术（télétechnologie）这个名字没起好。不像它名字暗示的那样，它从根本上不是用来指从远程进行操作的技术。我们当然可以给世界的另一头打电话，但我们也可以，事实上这种情况经常发生，在同一条人行道上背对背地打手机。远程技术本身是可以不分远近进行运作的。事实上正是这种特性，使它与先前基于其他原则制造出的设备区分开来。我们可以用望远镜观察远处的物体，但如果我们对准近处的物体，视线会变得模糊。电话一样，也不是扩音器：你试试两个人在一间房间里用大喇叭交谈……如果说远程技术可以克服距离的阻碍，但它并不妨碍人们在近距离下使用相同的设备，因此将其区分开来的特点不是距离，而是它可以在任何距离下运作的事实。手机和扩音器，或者望远镜和摄像机的差别就在于：一方面的技术，可以拓展共同定位区域的空间连续性范围（准确地说，这里的距离是一种连续距离，直接将物理空间作为物质介质），而另一方面的技术，用于实用性共同在场的位置迁移，使身体无需处在同一个地点。我们必须对两种技术进行明确的区分：一种通过放大现象来扩展范围（增大体积、放大画面、向更远发射等），而另一种通过信号传输（从一点到另一点的拍摄——传输——回放）。在第二种模式下，两点之间的物理距离对于共同在场的成效不造成影响。通过远程技术设备，共同在场的范围是由信号覆盖的范围，而不是由身体或装备的感官运动场范围决定的。其关键仅在于每个点之间传输网络的连接情况。远程技术的真正特征是，让使用这项技术的人得以免去共同定位，免去将同一个连续的空间作为行动的物理介质：所有人只需处在网络覆盖的范围内就可以了。与此相关的，远程在场不是从远处出席现场，而是各方无需共同定位，就能各自独立的共同在场。对于通过网络连接的共同在场而言，行动的展开不需要即时的连续知觉场。

可以说，远程技术的主要作用在于将共同在场（coprésence）与作为条件的共同定位（colocalisation）剥离。远程技术制造出修正过的、符合普通共同在场情形的实用性等效物，并与身体的物理共同定位条件剥离。各方共同在场，不再意味着共同定位在相同的连续空间里，而是共同在场于一种相互关联的同时段中。远程技术为其操作者们提供了一种可以被形容为错位的体验（d'expérience disloquée），从表达上看错位有两种意思。首先，是共同在场和共同定位的脱节。错位的意思是"分离、拆散、解除、脱离"（《利特雷法语词典》）。在场与地点分离了，实用性的共同在场和身体的物理共同定位脱离了。在场不再与身体所处的位置紧密相连，也不再完全与身体相关。于是出现了离开土地的共同在场现象。身体不再需要出现在空间的同一个有限区域才能互相对话。身体的共同定位和实用性的共同在场曾在一种必要的制约关系中相互联系，但如今这种联系中断了。因此关于行动地点的问题，曾经非常简单，如今却变得越来越复杂。行动是在哪里发生的？电话是在哪里聊的？行动可以同时在多个地方展开。有时在这里，有时又在那里。事件不再像一个孤立的原子，而是间隔分布在发生过程的两端之间。

其次，错位有种爆裂（éclatement）的意味，意味着普通经验中，与共同在场直接相关的维度之间发生了断裂。共同在场的经验因此变得不完整且不连贯。20 世纪初，最早的电话开始普及，当时的人们称电话会话为"被削减的在场"或"不完整的在场"。这并不是说一个人在打电话的时候，部分定位在电话线的另一端，就好像自己的一部分和他人处在一个地方（每个人都知道他们身处的位置，打电话的时候在什么地方）。而是说，通话双方认为这种共同在场是被削弱的，不完整的，因为只剩下一部分维度（听和说，双方既不能触碰，也不能感觉——电话中的声音没有脸庞和身体）。这种被削弱的在场的概念指的就是这种共同在场被削减的现象，也就是说，其影响和受影响的能力被削减到只剩下一个维度，而丢失了面对面互动时的其他维度，而所有维度加起来才构成一次完整或完全的共同在场。如此一来，直接经验下通常联系在一起的元素被彻底地断开、分离和脱节了。双方可以对话但无法相见。可以发动打击而不会受到打击，可以看到对方而不被对方看到……当初在身体在场的情况下不可分割的层面，如今被割离。那些总是与身体一起呈现的层面，开始单独呈现。非常简略地来说，如果没有其他设备的干预，在单一的地方，身体至少有四种呈现的层面：这个身体是有行动能力的，如果我们要采取行动，就要在这里通过这个身体来实现；这个身体是有知觉的，再次强调不是通过设备，而是通过身体自身的方式在身体所处的位置进行感知；这个身体同样可以被感知（可见，带有气味……）；最后这个身体是脆弱的、可能受伤并被杀害的，因为这是一具活生生的肉体。有行动能力的、可感知的、可被感知的和活着的，这四个层面在同一个也是唯一的地方紧紧地结合在一起，这个地方被我们称作身体。"身体"正是这种经验的四个维度或层面，经过直接且显然不可分割地汇总后得出的名称，这四个维度或层面互相照应，并一同发挥作用。远程技术彻底瓦解的就是这种即时统一体，同时追加了另一种集合，一种从根本上改变了四个层面之间关系的技术合成。它们此前是彼此连结的，但如今一些被独立或分离出来。身体被拆解了，在部分重建有机身体的过程中，即时统一体的某些元素被分离出来。

远程设备因此能同时作用于共同在场的不同层面和这些层面的结构，从而根据不同选择决定的技术结构体系，制造经验的新形式：无法移动的在场，无法看见的在场，不对称的共同在场等等。远程设备改变了共同在场的形态，让某些配置成为可能或必要，甚至让曾经在直接经验中可能的配置成为不可能。

让我们再以电话为例：一般情况下通话双方说话时并看不到对方（眼睛闭上了，站在门后面，处在黑暗中……），但这种配置在经验结构中并非是必需的。这就是电话造成的改变：这台设备让使用者彼此通话的同时无法看到对方。经验本身的形式也从结构上被改变了。远程设备的设计决定了共同在场的可能形态。同时也得以对经验的结构进行前所未有地重新配置。那它们是如何做到的呢？有两种主要方式。远程技术设备首先可以对传输的共同在场的维度进行"过滤"。在直接经验丰富的现象中只挑选特定的某些方面。比如说只提供画面或声音。但如果这些设备在一头配置了适当的传感器，也可以在我们的感官知觉范围之外增加我们自身身体无法感知的维度（比如红外线视角）。这取决于技术上的选择。其次这些设备可以在不同的维度之间加以选择，从而为共同在场提供一个或多或少对等的结构，从彻底的单边到完全的对等都是可能的。远程通讯设备通常都采用对等的结构，但这也不是绝对的。根本上这还是取决于远程设备在设计上的取舍。而无人机设备恰恰相反，就是按照不对等的结构选择进行设计的。

远程技术同时分解并再次合成了处于即时统一体的身体的体征，并与之同时呈现。这些新的合成体改变的是经验的形式和组成结构，这些形式和组成结构同时也是主体间性经验达成的条件。无人机远程技术就是这样从根本上重新设定了暴力关系，对共同在场的模式和主体间性的结构进行了革命性的改变。

[11] 巴米勒：同前所引。

[12] 同上。

[13] 林德劳：同前所引。

[14] 战争哲学中有一个经典命题，讨论的是武器作用范围和士兵情感投入之间的关系。这种关系可以通过一条定律来表示，我们将它称为克劳塞维茨－黑格尔定律。"让敌人得以从远程发动进攻的武器，"克劳塞维茨写道，"让情感，或者更准确地说是战斗本能处于休眠状态，而武器的射程越远，这种状态便越安定。若使用的是投石器，我们可以想象出战士在投出石块的那一刻伴随着某种愤怒的情绪；这种情绪在我们扣动火枪扳机时要弱得多，在发射炮弹时就更少了"。在野蛮的单打独斗中，人们的心灵和双手都是肮脏的，有人认为相较之下，被抽象化的火炮象征着一种进步。按照这种说法，武器的历史显然表明理性取得了胜利。黑格尔补充道："火器让人们发现一种普遍的、冷漠的、非个人化的死亡。"这是一种对冷血造就的死亡的奇特赞美，死亡被普遍的抽象化，而杀手毫无感情。如今无人机再次矛盾地体现出这种死亡和武器的关系，但人们却觉得这种赞美不顺耳了，这毫无疑问是因为我们已经在 20 世纪见识过了这种关系的阴暗面。这位柏林哲学家认为，他从中看出一种得势的目的论，使国家暴力得以合理化，但 20 世纪却让我们惊恐地发现，其背后还有别的东西。当约翰·乌尔里克·内夫（John Ulric Nef）在第二次世界大战后重新提起这个话题，他的语气远没有那么自信："进步清除了当代战争中曾

经与斗争相伴而生的愤怒情绪。除去步兵不算，杀戮已经成为一种完全非人化的行为，杀手就像一个小男孩在玩玩具枪，又好像一个男人在浴室里踩死蟑螂"，约翰·U. 内夫：《通往战争的经济之路》（"The Economic Road to War"），载于《政治评论》（*The Review of Politics*），第 11 卷，第 3 期，1949 年 7 月，第 310—337 页、第 330 页。如今在远程暴力的"进步"背后，隐藏着的是无菌杀人的野蛮。机械化杀人或办公桌后的杀人是否没有激情屠杀那么可怕，这无疑是值得怀疑的。

[15] 对于正在发生的事情，我们可以在光学上"接近"的同时，却在其他所有方面保持绝对"距离"。这点可以参考地面部队的感知经验。在战斗中杀人时，所有的感官都参与其中。因此恐惧是一种联觉情感：当所有的知觉都受到冲击并处于饱和状态时，恐惧的感觉就更加强烈。

[16] 格罗斯曼：同前所引，第 128 页。

[17] 转引自简·梅耶（Jane Mayer）：《捕食者战争》（"The predator war"），载于《纽约时报》，2009 年 10 月 26 日。

[18] 威廉·塞尔坦（William Saletan）：《操纵杆 vs. 圣战，遥控杀人的诱惑》（"Joystick vs. Jihad, The temptation of remote-controlled killing"），载于《石板》（*Slate*），2006 年 2 月 12 日。

[19] 米尔格拉姆补充道："给即将被行刑队射杀的人蒙上眼罩，这一做法的公开作用是可以帮助他缓解紧张的情绪，但它还有潜在的作用，那就是行刑者同样可以减轻压力。很多俗语都表达出这层意思，比如说一个人总是更容易在别人'背后说坏话'。"斯坦利·米尔格拉姆（Stanley Milgram）：《服从权威：一种实验性的观点》（*Obedience to Authority: An Experimental View*），纽约：哈珀 & 罗出版社，1974 年，第 38 页。

[20] 格罗斯曼：同前所引，第 128 页。

[21] 米尔格拉姆：同前所引，第 39 页。

[22] 马丁·萨瑟：同前所引，第 31 页。

[23] 关于远程操作界面造成的"道德缓冲"（moral buffering）效应，参见玛丽·卡明斯（Mary Cummings）：《在武器控制界面设计

中制造道德缓冲》("Creating moral buffers in weapon control interface design"),载于《技术和社会杂志》(*Technology and Society Magazine*),第 23 卷,第 3 期,2004 年秋季,第 28—33 页;玛丽·卡明斯:《决策支持系统界面设计中的自动化和可靠性》("Automation and accountability in decision support system interface design"),载于《技术研究杂志》(*Journal of Technology Studies*),第 32 卷,第 1 期,第 23—31 页。关于"道德推脱"(désengagement moral)的相关概念,还可以参见阿尔伯特·班杜拉(Albert Bandura):《非人道犯罪中的道德推脱》("Moral Disengagement in the Perpetration of Inhumanities"),载于《人格与社会心理学评论》(*Personality and Social Psychology Review*),第 3 卷,第 3 期,第 193—209 页。

[24] 《与战区远程通信》("Telecommute to the warzone"),奥尔特加:同前所引。与无人机操作员处境最相似的毫无疑问要数狙击手了。狙击手在实践中也是结合了较远的身体距离和较近的视觉距离。但与狙击手不同的地方在于,无人机操作员本身并不处在危险地带。

[25] 我想在这里插入一条说明,从现象学角度解释一下这种"切换"(shift)的感觉,这种与远程在场(téléprésence)相联系的突然转换现象。"仪表化的体验"对于无人机操作员而言非常奇特。这是一种介于两者之间的感觉。应当如何描述这种感觉?它就像存在中的某种干扰。我们可以从美国哲学家丹尼尔·丹尼特(Daniel Dennett)的思考出发:"在实验室和工厂里,工人们通过有反馈控制的机械臂和机械手处理危险材料,会经历一种比全息电影还要清晰和生动的转换感。他们能感觉到用金属手指操纵的容器的重量和其光滑的表面。他们非常清楚自己身在何处,不会被这种体验造成的错觉愚弄,但他们仍然好似就身处在那间被他们窥视着的隔离室一样。经过大脑的处理后,他们可以将视角前后转移,就像在一个人的眼前转换一个透明的纳克方块(Necker cube)或是一幅埃舍尔的画作(Escher drawing)的方向。假设人们可以通过这种小小的精神体操,将自己

来回传送，似乎也不是那么夸张"，丹尼尔·丹尼特：《我在哪儿？》（"Where am I?"），收录于《头脑风暴：关于精神和心理学的哲学论文》（*Brainstorms: Philosophical Essays on Mind and Psychology*），剑桥：麻省理工学院，1981年，第310—323页、第314页。

通过将注意力集中在机械臂上，操作者从某种程度上采纳了作业机械的视角，想象着自己正在那里执行作业任务。但他事实上不会真的认为自己的身体处在座位之外的其他地方。所以他所经历的不过是由感官错觉导致的欺骗性的虚假经验。尽管如此，他仍然"好似"身处于作业进行的地方。这种"好似"的感觉需要得到澄清。这种"好似"不是一种确信，但也不是一种幻觉。丹尼特最后的类比很微妙：他给出的例子都是非常特定的矛盾物体。当我们专注地盯着纳克方块的时候，我们可以一会儿从它正面看，一会儿从它背面看，它的背面也可以变成它的正面，反之亦然，这完全取决于一个人是否从头脑中调换它们的位置。将这一经验与远程操作者的经验进行类比，重要的不是解释一种不确定性，而是表明客体配置会由于主体精神聚焦点的转换而发生转换。与之相关的论点不在于远程在场的感觉是否，或者必须是虚幻的，而在于：操作者如何聚焦自己的注意力，如何分隔多种选择，甚至按照优先顺序如何区分感知域的前景和背景。我们应当如何解释这种视角的转换？支撑这种转换的现象学方法又是什么？卢米斯（Loomis）为这一现象给出了一个令人信服的解释：他认为远程操作者"时常声称自己有'远程在场'或'远距离存在'（remote presence）的强烈印象"，杰克·M. 卢米斯（Jack M. Loomis）：《远端属性与在场》（"Distal attribution and presence"），载于《在场：远程操作员和虚拟环境》（*Presence: Teleoperators and Virtual Environments*），第1卷，第1期，1992年，第113—118页，第113页。对于远程操作者而言，他的经历在本质上就像用一根拐杖或棍子去接触一个表面：他的触觉就好像停留在棍子的一端，而不是拿棍子的手上。我们采用了棍子的视角进行感知。远程操作者在本质上也一样，只是他们采用了自己操纵的机械臂的视角。这种视角的转变，对工具视角的采用，也可以被形容成一种投射现象，或是感知数据的易位，这与技术设备本身无关，与工具的用法也无关。它们作用的共同背景就是心理学上叫做"投射"的现象。这一普遍现象由感觉器官生成，同时也被形容为"外化"（externalisation）或者"远端归因"（attribution distale）。尽管感觉是在我的身体里被感知的，但却被分配到别处，指向一个地方。为了描述主体的意识在此过程中发生了什么，卢米斯运用了焦点意识（consience focale）和辅助意识（concience subsidaiaire）的概念。前者指代了意识前景的注意力，后者指代了意识背景中剩下的所有小的感知的集合。当远程操作者在使用工具时，"媒介链条的辅助意识逐渐单薄以至接近透明"，主体此时也许会产生一种"远端的焦点意识"。但就算他无需集中注意力就可以行动，棍子在他手中的感觉依然默默地留着。即使工具媒介在意识中变得透明，但依然存留在背景中，至少是以微弱的感觉留在辅助意识的深处。但倘若我的手掌，被棍子表面一根被遗忘的倒刺刺痛，棍子就会立即侵入我的焦点意识领域，与此同时棍子在试探的石头会推入我的辅助意识范围里。本质上，这就是丹尼特提到的"视角转换"时发生的事情：客体是否从焦点意识转换到辅助意识，取决于我将注意力集中在身体与工具媒介之间接触区域的什么地方：比如说棍子，比如说我操纵控制杆的房间，又或者我将这些因素全都归入辅助意识，将注意力集中在通过上述因素来感知的客体上。

　　我们有可能忘掉媒介的存在，但这种遗忘只是出于实用目的；我们已经不需要思考就可以行动。我们忽略媒介不是因为我们不能识别它的作用或存在（认知上的无知），而是因为我们忽略它也可以采取行动（实用性的遗忘）。这种对媒介的实用性遗忘绝不代表感知主体的障碍，或是他无法感知、识别媒介的作用，而恰恰相反，而是由于他长期使用和熟悉工具后，让工具成了他的一部分，他使用起来都不需要思考。短暂地忘记作为媒介的工具，是一种应当成功实现的状态。因此它不是一种认知的障碍，而是一种务实的成就。

　　要想体验强烈的远程在场感，主体不但要有效地忽略工具性的媒介，还要将身处的地点，以及周遭环境所有的刺激（让他背痛的座椅，周围的噪音……）都归入辅助意识里。这种体验的特点一般而言就是，"当感知主体接收到互相冲突的信息时，有些人会以远程或模拟环境为参考，另一些人会以当下所处的物理环境为参考。我们据此可以假设，当刺激不足以让'远程在场'（在别处的意识）完全令人信服时，观察者会体验一种当下环境的'辅助意识'和对远处或模拟环境的焦点关注……比如说，当我们与某人电话通话时，我们的辅助意识告诉我们自己是在某处通过设备与他人交流，而焦点意识则处在电话另一端的通话人身上"，同上书，第 177 页。将当下环境保持在辅助意识中需要付出相当大的努力。有一个问题长期困扰着设计界面的人体工程学家和研究远程操作员工作方式的心理学家，用他们自己的话说，这个问题就是如何让焦点注意力长时间集中在一个地方，或者如何帮助远程操作员维持他们脆弱的"情景意识"（conscience situationnelle）。要让一个人在感知到两个环境的情况下，将注意力集中在其中一个上面，通过精神上的聚焦将注意力集中在一个视角上。

　　就像纳克方块，你不可能同时看到两个面，当你看到一个面的时候，另一个就消失了。严格的选项决定了一个会取代另一个。这种视角的切换是彻底的。而远程操作员则在焦点意识和辅助意识之间切换，但问题在于，这两种意识当中，一种在无声中滋养另一种，而它们一个是框架，一个则嵌入其中。要做到完全的切换，就需要分离这两种意识，在它们中间做出选择，选择一个的同时忘掉另一个，但事实是我们选择了一个，另一个继续存在，而且无法被彻底替换。

　　对于远程操作员而言，他们的问题不在于面对远程在场的完美幻觉时，是否能分清楚他们身在何处，什么是真实的，什么是幻象，而恰恰相反，他们的问题在于面对时而在本地时而在远方、被混淆和重叠的在场体验时，如何用连贯一致的方式应对这种混合现实。他们不会用一种现实取代另一种，而是两者一起抑或将一种现实嵌套在另一种当中。与其说这是一种混淆，不如说这是一种嵌入，一种部分的重叠或是一种不确定的相互连接。远程操作员的体验不是陷入某一特定的场景，而是身处两个相互重叠的场景中。关于远程在场的本体论和现象学讨论，参见卢西亚诺·弗洛里迪（Luciano Floridi）:《在场的哲学：从认知失败到成功观察》（"The Philosophy of Presence: From Epistemic Failure to Successful Observation"），载于《在场：远程操作员和虚拟环境》，第 14 卷，第 6 期，2005 年，第546—557 页。

[26] 戴夫·拉拉（Dave Lara），见奥尔特加：同上。

[27] 马丁、萨瑟：同前所引，第 85 页。

[28] 莫洛克：同前所引。

[29] 军事社区论坛网址：http://www.militarytimes.com/,《主题：无人机操作员承受战争压力》（Thread: UAV operators suffer war stress），2011 年 5 月访问。

[30] 战争是"对文明标准的正是废除"，在战争中一个人不但被鼓励，甚至是被迫采取通常情况下违背"我们审美和道德"的行动。这就是为什么士兵们"必须经受一次心态和行为准则上的重大调整……他们之前对普遍道德秉持的标准，对清洁和美的感觉，都必须做出相当大的调整"。他们过着双重标准的生活。欧内斯特·琼斯（Ernest Jones）:《战争冲击和弗洛伊德的神经官能症理论》（"War shock and Freud's theory of the neurosis"），载于琼斯（主编），《精神分析和战争神经官能症》（Psycho-Analysis and the War Neuroses），同前所引，第 48 页。

[31] 约翰·基根（John Keegan）:《图说战斗面貌》（The Illustrated Face of Battle），纽约、伦敦：维京出版社，1989 年，第284 页。

[32] 尼古拉·阿贝（Nicola Abé）:《红外线中的梦：一个美国无人机操作员的创伤》（"Dreams in Infrared: The Woes of an American Drone Operator"），载于《明镜在线》（Spiegel online），2012 年12 月 14 日。法语版：尼古拉·阿贝:《前美国"飞行员"自述》

（"Un ancien "pilote" américain raconte"），《国际邮报》（*Courrier international*），2013 年 1 月 3 日。

[33] 巴米勒：同前所引。

[34] 奥尔特加：同前所引，http://www. brookings. edu /events/2012/02 /03-military-medical-issues。

[35] 同上。

[36] 西蒙娜·薇依：《重负与神恩》（*La Pesanteur et la grâce*），巴黎：普隆出版社，1948 年，第 139 页。

[37] 同上。

战斗人员豁免权

[1] 转引自托马斯·G. 曼肯（Thomas G. Mahnken）：《技术和美国的战争方式》（*Technology and the American Way of War*），纽约：哥伦比亚大学出版社，2008 年，第 187 页。

[2] 韦斯利·克拉克（Wesley Clark）：《发动现代战争：波斯尼亚、科索沃和战斗的未来》（*Waging Modern War: Bosnia, Kosovo, and the Future of Combat*），纽约：公共事务出版社（Public Affairs），2002 年，第 183 页。

[3] 威廉·科恩（William Cohen）、亨利·谢尔顿（Henry Shelton）：《参议院军事委员会关于科索沃行动事后评估的联合声明》（*Joint Statement on Kosovo After-Action Review before the Senate Armed Service Committee*），1999 年 10 月 14 日，第 27 页。

[4] 安德鲁·巴切维奇（Andrew Bacevich）、埃利奥特·科恩（Eliot Cohen）：《科索沃上空的战争：全球时代的政治和战略》（*War Over Kosovo: Politics and Strategy in a Global Age*），纽约：哥伦比亚大学出版社，2001 年，第 21 页。

[5] 国际特赦组织（Amnesty International）：《"附带伤害"还是非法杀戮：北约在盟军行动中对战争法的破坏》（"*Collateral damage" or Unlawful Killings: Violations of the laws of war by NATO during Operation Allied Force*），2000 年 6 月 5 日。

[6] 叶礼庭（Michael Ignatieff）：《虚拟战争：科索沃及其后》（*Virtual*

war: Kosovo and beyond），伦敦：Vintage，2001 年，第 62 页。

[7] 转引自尼古拉斯·科尔顿－约翰逊（Nicholas Kerton-Johnson）：《为美国战争正名：美国军事干预的行为和实践》（*Justifying America's Wars: The Conduct and Practice of US Military Intervention*），纽约：劳特利奇，2011 年，第 80 页。

[8] 埃尔希坦补充道："如果战斗人员豁免权成为我们新的指导原则，那我们今后可能面临许多其他情况，我们都将拒绝为实现我们宣称的目标采取必要的行动，相反，我们所使用的手段不但会破坏这些目标，还会毁掉几个世纪以来，人们试图将战争限制在战斗人员之间的努力。"让·贝特克·埃尔希坦（Jean Bethke Elshtain）：《正义战争和人道主义干预》（"Just war and humanitarian Intervention"），载于《国家人文中心思想丛刊》（*Ideas from the National Humanities Center*），第 8 卷，第 2 期，2001 年，第 14 页。

[9] 亚历克斯·J. 贝拉米（Alex J. Bellamy）：《反恐战争正义吗？》（"Is the War on Terror Just ?"），载于《国际关系》（*International Relations*），第 19 卷，第 3 期，2005 年，第 275—296 页、第 289 页。转引自丹尼尔·布伦斯泰特（Daniel Brunstetter）、梅根·布劳恩（Megan Braun）：《无人机对正义战争传统的影响》（"The Implications of Drones on the Just War Tradition"），载于《伦理道德与国际事务》（*Ethics & International Affairs*），第 25 卷，第 3 期，2011 年，第 337—358 页。

[10] 阿莫斯·哈雷尔（Amos Harel）：《为加沙的以色列国防军进行道德辩护的哲学家》（"The philosopher who gave the IDF moral justification in Gaza"），载于《国土报》（*Haaretz*），2009 年 2 月 6 日。

[11] 同上。

[12] 同上。

[13] 阿萨·卡舍尔（Asa Kasher）、阿莫斯·雅德林（Amos Yadlin）：《从以色列的视角看反恐的军事伦理》（"Military Ethics of Fighting Terror: An Israeli Perspective"），载于《军事伦理杂志》（*Journal of*

Military Ethics），第 4 卷，第 1 期，2005 年，第 3—32 页。

[14] 同上书，第 17 页。

[15] 同上书，第 20 页。

[16] 阿维沙伊·马加利特（Avishai Margalit）、迈克尔·沃尔泽（Michael Walzer）:《以色列：平民和战斗人员》（"Israel: Civilians & Combatants"），载于《纽约书评》，2009 年 5 月 14 日。

[17] 同上。

[18] 梅纳赫姆·亚阿里（Menahem Yaari）:《以色列：战斗守则》（"Israel: The Code of Combat"），载于《纽约书评》，2009 年 10 月 8 日。

人道主义武器

[1] 转引自米迪亚·本杰明（Medea Benjamin）:《无人机战争：遥控杀戮》（*Drone Warfare: Killing By Remote Control*），纽约：OR Books，2012 年，第 146 页。

[2] 转引自斯科特·沙恩（Scott Shane）:《无人机的道德理由》（"The Moral Case for Drones"），载于《纽约时报》，2012 年 7 月 14 日。

[3] 肯尼思·安德森（Anderson, Kenneth）:《无人机的崛起：无人驾驶系统和战争的未来》（"Rise of the Drones: Unmanned Systems and the Future of War"），《提交给美国众议院监督和政府改革委员会国家安全和外交事务小组委员会的书面证词小组委员会听证会》（*Written Testimony Submitted to Subcommittee on National Security and Foreign Affairs, Committee on Oversight and Government Reform, US House of Representatives, Subcommittee Hearing*），2010 年 3 月 23 日，第 12 页。

[4] 埃弗里·普劳（Avery Plaw）:《无人机能救命，美国人和其他人的命》（"Drones Save Lives, American and Other"），载于《纽约时报》，2012 年 9 月 26 日。

[5] 比尔·斯威特曼（Bill Sweetman）:《没有飞行员的战斗机》（"Fighters Without Pilots"），载于《大众科学》（*Popular Sci-*

ence），第 251 卷，第 5 期，1997 年 11 月，第 97 页。

[6] 位于加利福尼亚州蒙特雷的美国海军研究生院。

[7] 罗里·卡罗尔（Rory Carroll）:《为美国无人机进行道德辩护的哲学家》，载于《卫报》，2012 年 8 月 2 日。

[8] 同上。

[9] 布拉德利·杰伊·斯特劳泽（Bradley Jay Strawser）:《道德的捕食者无人机：使用无人驾驶飞行器的义务》（"Moral Predators: The Duty to Employ Uninhabited Aerial Vehicles"），载于《军事伦理杂志》（*Journal of Military Ethics*），第 9 卷，第 4 期，2010 年，第 342—368 页、第 342 页。

[10] 同上书，第 344 页。

[11] 同上。

[12] 同上书，第 342 页。

[13] 布拉德利·杰伊·斯特劳泽：同前所引，第 346 页。

[14] 同上书，第 351 页。

[15] 同上。

[16] 斯特劳泽这里援引了以色列拉斐尔武器装备研制局（Rafael Armament Development Authority）的声明，他们声称新型的制导导弹"长钉"（Spike）专为无人机设计，其精准度已经达到"巷战精准度"（guerre urbaine de précision）。同上书，第 351 页。

[17] 迈克尔·沃尔泽:《关于人为干预的争论》（"The argument about human intervention"），载于《政治地思考：政治理论论文集》（*Thinking Politically: Essays in Political Theory*），纽黑文：耶鲁大学出版社，2007 年，第 245 页。

[18] 同上。

[19] 关于这一论点，除了魏茨曼的思考，还可以参考阿迪·奥菲尔（Adi Ophir）的论述:《作为道德广场的灾难：统治者、人道主义者和恐怖分子》（"Disaster as a Place of Morality: The Sovereign, the Humanitarian, and the Terrorist"），载于《谁在说》（*Qui Parle*），第 16 卷，第 1 期，2006 年夏季，第 95—116 页。

[20] 这里的"Care"可以同时表示"照看"(soin)，"关怀"(sollici-tude)和"关注"(attention)。女权主义者卡萝尔·吉利根(Carol Gilligan)和琼·特龙托(Joan Tronto)的努力，让这个概念成为一种道德标准的核心。在过去，有关精神脆弱性和同理心的概念，以及有关关怀伦理的主张，被调动和重组后，以一种辩护的方式被纳入到与死亡相关的实践中。

[21] 埃亚勒·魏茨曼:《万恶之末：人道主义暴力，从阿伦特到加沙》(*The Least of All Possible Evils: Humanitarian Violence from Arendt to Gaza*)，伦敦：Verso，2012年，第6页。

[22] 汉娜·阿伦特:《独裁统治下的个人责任》("Personal Responsibility Under Dictatorship")，收录于杰罗姆·科恩(Jerome Kohn)(主编):《责任与判断》(*Responsibility and Judgment*)，纽约：Schocken Books，2003年，第17—48页、第36页。转引自魏茨曼：同上书，第27页。

精准度

[1] 托马斯·德·昆西(Thomas De Quincey):《论谋杀》(*On Murder*)，牛津：牛津大学出版社，2006年，第84页。

[2] 莱昂·E. 帕内塔(Léon E. Panetta):《太平洋国际政策理事会上的理事发言》，2009年5月18日。

[3] 这一武装冲突法的基本原则禁止无差别进攻：只有军事目标可以被直接瞄准，这也就意味着必须在平民和战斗人员之间做出区分。

[4] 布拉德利·斯特劳泽:《重温无人机战争的道德准则》("The morality of drone warfare revisited")，载于《卫报》，2012年8月6日。

[5] 沙恩：同前所引。

[6] 参见杰里米·R. 哈蒙德(Jeremy R. Hammond):《无人机的不道德理由》("The Immoral Case for Drones")，2012年7月16日，http://www.jeremyrhammond.com/2012/07/16/the-immoral-case-for-drones。

[7]　安娜·穆林（Anna Mulrine）:《额头上的弹头》（"Warheads on Foreheads"），载于《空军杂志》（*Air Force Magazine*），第 91 卷，第 10 期，2008 年 10 月，第 44—47 页。

[8]　参见《无人机下的生活》（*Living Under Drones*），同前所引，第 10 页。

[9]　《跨性别人群走上街头反对无人机》（"Transgenders take to the streets against drones"），载于《论坛快报》（*The Express Tribune*），2012 年 7 月 31 日。

[10]　约翰·布伦南（John Brennan）:《总统反恐策略的伦理与效率》（"The Ethics and Efficacy of the President's Counterterrorism Strategy"），威尔逊中心，2012 年 4 月 30 日，http://www.wilsoncenter. org/event/the-efficacy-and-ethics-us-counterterrorism-strategy。

[11]　换句话说，这里的论点是，无人机技术在区分目标的能力方面，打破了视觉敏锐度和物理距离之间的传统联系。操作员与目标的距离不再与目标的识别相关。克里斯蒂安·埃尼马克（Christian Enemark）:《无人战争：军事伦理和无人机的崛起》（"War Unmanned: Military Ethics and the Rise of the Drone"），在国际研究协会大会上的发言，蒙特利尔，2011 年 3 月 16—19 日。

[12]　亚当·恩图斯（Adam Entous）、西沃恩·戈尔曼（Siobhan Gorman）、朱利安·E. 巴恩斯（Julian E. Barnes）:《美国放宽对无人机的限制：奥巴马给与中央情报局和美国军方更大的回旋余地以应对也门武装分子》（"US Relaxes Drone Rules: Obama Gives CIA, Military Greater Leeway in Use Against Militants in Yemen"），载于《华尔街日报》，2012 年 4 月 26 日，转引自《无人机对平民的影响：未经审查的成本，未被回答的问题》（*The Civilian Impact of Drones: Unexamined Costs, Unanswered Questions*），同前所引，第 33 页。

[13]　"平民个人除直接参加敌对行为并在参加期间外，应享受本部所给予的保护"，《1949 年 8 月 12 日日内瓦公约关于保护非国际性武装冲突受难者的附加议定书（第二议定书）》，1978 年 12 月 7 日，第四部，第 13-3 条。

[14] 约翰·布伦南:《确保基地组织的灭亡》("Ensuring al-Qa'ida's Demise"),保罗·H.尼采高级国际研究学院,约翰·霍普金斯大学,华盛顿,2011 年 6 月 29 日。关于对援助提问的回答: http://www.c-spanvideo.org/program/AdministrationCo。

[15] "男性参军年龄"(Military Age Male,缩写为 MAM)。

[16] 贝克尔、沙恩:《秘密"刺杀名单"》,同前所引。这显然彻底违背了区分原则:不能通过一个影子显现出来的年龄和性别特征,就默认对方为战斗人员。

[17] 同上。

[18] 关于这个主题,可参见埃亚勒·魏茨曼(Eyal Weizman):《刑侦建筑学:只有罪犯才能解决犯罪》("Forensic architecture: only the criminal can solve the crime"),收录于《万恶之末》,同前所引,第 99 页及以下诸页。

[19] 马迪亚·塔希尔(Madiha Tahir):《比炸弹更响》(Louder than bombs),载于《新调查》(The New Inquiry),第 6 卷,2012 年 7 月 16 日,http://thenewinquiry.com/essays/louder-than-bombs。

厚德的凶手

[1] 约瑟夫·德·迈斯特(Joseph de Maistre):《圣彼得堡之夜》(Les Soirées de Saint-Pétersbourg),第二部,布鲁塞尔:Maline,1837 年,第 8—9 页。

[2] 迈克尔·沃尔泽:《正义战争理论的胜利(以及成功的危险)》("The triumph of just war theory [and the danger of success]"),《关于战争的争论》(Arguing About War),纽黑文:耶鲁大学出版社,2006 年,第 3—22 页、第 16 页。

[3] 同上。

[4] 同上书,第 17 页。

[5] 同上。

[6] 同上书,第 102 页。

[7] 阿尔贝·加缪,《反抗者》,巴黎:伽利玛出版社,1958 年,第 211 页。

[8] 同上书，第 212 页。

[9] 同上书，第 213 页。

没有战斗的战争

[1] 伏尔泰：《A，B，C》，收入《伏尔泰全集，杂文合集 VI》(*Œuvres complètes, Mélanges VI*)，巴黎：Garnier 出版社，1879 年，第 368 页。

[2] 胡果·格劳秀斯（Hugo Grotius)：《战争与和平法》(*Le Droit de la guerre et de la paix*)，第三卷，海牙，1703 年，第 85 页。

[3] 同上。

[4] 同上。

[5] 格劳秀斯自己评述道："很可能是国王们推行了这条规则，因为如果说一方面他们的生命比其他人更安全，不会受到明目张胆的武力威胁，另一方面他们又比其他人更加容易被下毒。"同上。一位战争理论家评论道："在这点上格劳秀斯说的对：如果国王们能有仅仅五分之一的概率战死沙场，那文明国家将很久不会有战争了。"尼古拉·维利奥梅（Nicolas Villiaumé)：《战争的精神》(*L'Esprit de la guerre*)，巴黎：Dumaine，1866 年，第 60 页。

[6] 弗朗索瓦·洛朗（François Laurent)：《国际法和国际关系的历史（第 10 卷）：民族》(*Histoire du droit des gens et des relations internationals, tome X, Les Nationalités,*)，巴黎：Librairie internationale，1865 年，第 488 页。

[7] 普芬道夫（Pufendorf)：《自然法与国际法》(*Le Droit de la nature et des gens*)，第二部，第五卷，第九章，第 3 节，里昂：Bruyset，1771 年，第 108 页。

[8] 同上。

[9] 换句话说，尽管双方处于敌对状态，但双方之所以可能达成这种看似有违常理的协定，也许就建立在不确定性上。只有基于可能的概率，双方才会签订死亡协议。

[10] 泰奥多尔·奥尔托兰（Théodore Ortolan)：《国际规则和海洋外

交》(*Règles internationales et diplomatie de la mer*)，第一卷，巴黎：Plon，1864 年，第 9 页。

[11] 叶礼庭：《虚拟战争》，同前所引，第 161 页。

[12] 《活靶射击》("Turkey shoot")，同上。

[13] "战争道德的根本原则在于在共同承担风险的条件下行使合法自卫的权利"，保罗・W. 卡恩（Paul W. Kahn）：《无风险战争的悖论》("The Paradox of Riskless Warfare")，载于《哲学和公共政策季刊》(*Philosophy and Public Policy Quarterly*)，第 22 卷，第 3 期，2002 年，http://digitalcommons.law.yale.edu/fss_papers/326。

[14] 同上书，第 3 页。

[15] 斯特劳泽：《道德的捕食者无人机》("Moral Predators")，同前所引，第 356 页。另见杰夫・麦克马汉（Jeff McMahan）：《战争中的杀戮》(*Killing in War*)，牛津：牛津大学出版社，2009 年。

[16] 沃尔泽：《正义与非正义战争》(*Guerres justes et injustes*)，巴黎：伽利玛出版社，2010 年，第 111 页。这种战争法哲学的胜利将产生极为重大的影响。通过剥夺"非正义战士"同等的战斗权利，使他立即成为一名罪犯，一名法外之徒。如此一来，他将被排除在战时法之外，这样他便不再有任何理由尊重战时法确立的原则，因为无论他做什么，他都无法再享受与战斗相关的法律保护。如此一来，双方的暴力将完全失去控制。

[17] 由战争（warfare）一词衍生出的一个新词，用来指代法律层面的战斗，正如士兵用导弹作战，律师则用备忘录作战。

[18] 卡尔・施米特（Carl Schmitt）:《大地的法》(*Le Nomos de la Terre*)，巴黎：法国大学出版社，2008 年，第 319 页。

[19] 除此之外还有另一种选择，可以保留对武装冲突的法律管制，且不会将这种管制转化成对致命惩罚的垄断权的延伸。夏尔・肖蒙（Charles Chaumont）是"兰斯学派"(l'École de Reims)在 20 世纪末国际法理论领域最多产的批判思想家之一。他的思想，对于我们今天在不对称冲突的背景下重新思考战争

法，有着极其重要的借鉴意义。最低限度的一项原则，是关于战斗可能性的权利原则。如果想让战争法成功地剥夺交战方中一方的作战可能性，可以采取间接或直接两种互补的方式。

先说间接的方式：通过允许在不对称作战的背景下，一方使用作战手段、武器或战术，从结构上剥夺敌方任何作战的可能性，正如今天我们使用武装无人机。这就提出了在不对称冲突中使用这种武器的合法性问题。

接下来说直接的方式：就是法律禁止交战各方使用某些战术，但这些战术涉及一方唯一的作战资源。肖蒙以游击战为例：鉴于"占领者和抵抗者之间存在军事和后勤能力方面的不平等，游击队通过特定的战斗手段来弥补这一差距。游击队选择突袭、伏击、破坏、巷战和丛林战，而不是进行在空旷的乡下进行野外战争，或与相匹敌的军事部队正面冲突。倘若在游击战的过程中，（按照武装冲突法的规定）必须通过标识表明自己携带武器或让武器明示于人，游击战就将变得毫无意义……而且与实际中的战斗格格不入……如此一来，倘若否决上述战斗手段，也就意味着否决游击战。"夏尔·肖蒙：《寻求将游击战纳入当代国际人道主义法的标准讨论》，收录于《献给夏尔·卢梭的纪念论文集》（*Mélanges offerts à Charles Rousseau*），巴黎，1974年。转引自国际红十字委员会（CICR）：《1949年8月12日日内瓦公约1977年6月8日附加议定书评注》（*Commentaire des protocoles additionnels du 8 juin 1977 aux Conventions de Genève du 12 août 1949*），多德雷赫特：Kluwer出版社，1986年，第536页。倘若回到1943年纳粹占领下的法国，为了遵守武装冲突法的规定，要求抵抗运动的战士们都身着制服出现在巴黎街头是多么荒谬的事情。这便是一个典型的例证，在不平等的情况下（一边是正规军一边是游击队）推行同样的权利（佩戴区别标志的义务），将产生不公平的结果。

肖蒙提出了一种能纠正这种不良影响的指导原则："人道主义法要做到客观和可信，就必须在战斗中给各方提供平等的机会：如果一项法规与该原则不符，使任何一方从开始便全无胜算，那理应废除该法规。"同上。

他在此主张的不是平等战斗的权利（droit au combat égal, ），因为这要求战斗双方使用平等的武器，而是战斗的平等权利（droit égal au combat）。法律不能通过法规的制约"使任何一方从开始便全无胜算"，但这并不意味着要将战争变成一场锦标赛——用手枪对手枪、刀剑对刀剑，而不是要注意到交战各方之间的力量差距，以确保这种差距不会因为盲目的法规限制，使一方的优势扩大，而使另一方失去战斗的机会。

肖蒙因此打破了传统法律逻辑上的形式平等。该原则不再要求交战各方，按照现有战时法的模式那样，享有完全相同的权利（identité absolue des droits）。而恰恰相反，它是为了扭转力量关系上的不平等，而创造出的权利不对称原则（principe d'asymétrisation des droits）。这一原则基于一种强有力的平等概念——一种权利的几何平等（égalité géométrique des droits）：不对称的军力，对应不对称的权利。某种程度上，单边杀人权的支持者说的话也差不多，但当然，对于他们而言，这么做不是为了重新平衡力量关系，而是使法律也单边化，从而使其符合他们单边主义的武力需求，甚至不惜在此过程中破坏法律本身。

对于肖蒙而言，他不是要不合时宜地回归骑士理想，而恰恰相反，他要用现实主义的方式，将当代不对等冲突的因素纳入武装冲突法的考量中。他的核心关注点如下：若战斗人员被一项法律剥夺了一切合法战斗的可能，只能沦为活靶子时，他们便不再有任何理由遵守这一法律的原则。肖蒙的忧虑非常务实：如果武装冲突法的目的是促使冲突各方减少暴力，特别是管制非常规暴力，那它就不应该将一些规则强加给冲突各方，使这些非常规的暴力被法律排除在外，而是应该将它们纳入法律管辖内。因此法律作为旨在规范武装暴力的工具，其有效性的实际条件如何规范，才是在这个不对称冲突的时代里至关重要的。关于这一方面的当代尝试，请参考迈克尔·L. 格罗斯（Michael L. Gross）:《现代战争的道德困境》（*Moral Dilemmas of Modern War*），纽约：剑桥大学出版社，2010 年，第 199 页。

杀人执照

[1] 转引自梅地亚·本杰明，同前所引，第 123 页。

[2] 亚当·利普塔克（Adam Liptak）:《被藏匿的无人机杀戮备忘录》（"Secrecy of Memo on Drone Killing Is Upheld"），载于《纽约时报》，2013 年 1 月 2 日。

[3] 哈罗德·科赫（Harold Koh）:《奥巴马政府与国际法》（"The Obama Administration and International Law"），发表于美国国际法协会（American Society of International Law）的演讲，华盛顿，2010 年 3 月 25 日。

[4] 《联合国特别报告员菲利普·阿尔斯通回应美国对无人机打击合法性的辩护》（"UN Special Rapporteur Philip Alston Responds to US Defense of Drone Attacks'Legality"），载于《今日民主》（Democray now），2010 年 4 月 1 日，http://www.democracynow.org/2010/4/1/drones。

[5] 法学家们认为这是一种危险的隐晦：美国通过"同时使用武装冲突和正当防卫这两重标准，作为在现役战斗区以外进行定点攻击的法律依据"，劳里·布兰克（Laurie Blank）写道，"可能混淆两种模式间的界限及与之相关的保护措施"。劳里·R. 布兰克（Laurie R.Blank）:《定点打击：混淆武装冲突和正当防卫的后果》（"Targeted Strikes: The Consequences of Blurring the Armed Conflict and Self-Defense Justifications"），载于《威廉·米切尔法律评论》（*William Mitchell Law Review*），第 38 卷，2012 年，第 1655—1700 页、第 1659 页。

[6] 参见尼尔斯·梅尔泽（Nils Melzer）:《国际法中的定点清除》（*Targeted Killing in International Law*），牛津：牛津大学出版社，2008 年，第 89 页及以下诸页。

[7] 菲利普·阿尔斯通:《法外处决、即审即决或任意处决问题特别报告员的报告，增编，关于定点清除的研究》（*Report of the Special Rapporteur on extrajudicial, summary, or arbitrary executions, Addendum, Study on targeted killings*），联合国办公室，2010 年 5 月 28 日，第 11 页。

[8] 注意：这里定义的是符合"执法"的相称原则——与武装冲突法中的相称原则截然不同。参见布兰克，同前所引，第 1690 页。

[9] 阿尔斯通:《报告》，同前所引，第 25 页。

[10] 参见布兰克，同前所引，第 1668 页。

[11] 科赫，同前所引。

[12] 玛丽·奥康奈尔（Mary O'Connell）:《战斗无人机的合法使用》（"Lawful Use of Combat Drones"），美国国会，众议院，国家安全和外交事务委员会听证会：无人机的崛起 II：审查无人瞄准射击的合法性（Subcommittee on National Security and Foreign Affairs Hearing: Rise of the Drones II: Examining the Legality of Unmanned Targeting），2010 年 4 月 28 日，第 2 页。

[13] 参见斯特劳泽:《道德的捕食者无人机》，同前所引，第 357 页。

[14] 贝克尔、沙恩，同前所引。

[15] 肯尼思·安德森:《巴基斯坦上空的捕食者》（"Predators over Pakistan"），载于《旗帜周刊》（The Weekly Standard），第 15 卷，第 24 期，2010 年 3 月 8 日，第 26—34 页、第 32 页。

[16] 阿尔斯通:《报告》，同前所引，第 22 页。而在另一种假设下："在武装冲突的背景之外，如果中情局实施的谋杀不符合人权法，则构成法外处决。"同上书，第 21 页。

[17] 肯尼思·安德森:《美国反恐政策和法律中的定点清除》（Targeted Killing in U.S. Counterterrorism Strategy and Law），布鲁金斯学会（Brookings Institution），2009 年 5 月 11 日，http://www.brookings.edu/research/papers/2009/05/11-counterterrorism-anderson。

[18] 肯尼思·安德森:《定点清除》，同前所引，第 27 页。

[19] 肯尼思·安德森:《华尔街日报上更多关于捕食者无人机的辩论，及奥巴马政府从公共法律立场上应该做什么》（"More Predator Drone Debate in the Wall Street Journal, and What the Obama Administration Should Do as a Public Legal Position"），载于"沃洛克阴谋"博客（The Volokh Conspiracy），2010 年 1 月 9 日，http://www.volokh.com/2010/01/09/more-predator-drone-debate-in-the-wall-street-journal-and-what-the-obama-administration-should-

do-as-a-public-legal-position。

[20] "美国一直以来都承认,存在一个法律、政治和监管空间,专门用于一种既不在司法当局监督的执法行动中,也不在国际条约定义的大规模公开武装冲突中所使用的武力。"肯尼思·安德森:《定点清除》,同前所引。

[21] 亚伯拉罕·D. 索费尔(Abraham D. Sofaer):《对恐怖主义的回应:定点清除是一项必要的选择》("Responses to Terrorism/Targeted killing is a necessary option"),载于《旧金山纪事报》(*San Francisco Chronicle*),2004 年 3 月 26 日。

[22] 肯尼思·安德森:《更多关于捕食者无人机的辩论》,同前所引。

[23] "……这种混合的目的在于模糊并扩大适用法律框架的范围……结果就是将明确的法律标准转变为一种定义模糊的杀人执照",阿尔斯通:《报告》,同前所引,第 3 页。

[24] 同上。

战争如在和平中

[1] A.H. 乔利(A.H. Joly):《主权者:关于主权的起源、性质、职能和特权,以及主权者和人民之间的相互权利和义务的思考》(*Le Souverain. Considérations sur l'origine, la nature, les fonctions, les prérogatives de la souveraineté, les droits et les devoirs réciproques des souverains et des peuples*),巴黎:Renault,1868 年,第 262 页。

[2] 米歇尔·福柯这样解释这一困境:"难道生命不是主权权利的基础吗?难道主权者能在事实上对臣民行使生死权,也就是干脆杀掉他们的权力吗?"米歇尔·福柯:《必须保卫社会》(*Il faut défendre la société*),巴黎:Hautes Études/Gallimard/Seuil,1997 年,第 215 页。

[3] 霍布斯:《利维坦》,巴黎:Dalloz,1999 年,第 721 页。

[4] 卡尔·施米特:《政治的概念》,巴黎:Flammarion,1992 年,第 94 页。

[5] 霍布斯,同前所引,第 714 页。

[6] 霍布斯认为，臣民的义务并不仅限于公约上的字面意思，即以服从交换行之有效的保护，而是"主权制度所追寻的宗旨"，即臣民之间的和平，和对共同敌人的抵御。同上书，第229页。

[7] 卢梭：《社会契约论》，巴黎：Flammarion，2001年，第74页。

[8] 大革命时期的法国演说家们都不会忘记下面这一段修辞，这是巴雷尔在1791年用拟人手法，模仿危急中的祖国写下的长篇自白："公民，"祖国说，"是我负责保护你的安危，你的休息和你的财产。你要怎么报答我这不间断的恩惠？如果我身陷危难之中……你会在这动荡不安的时刻弃我而去，来报答我不曾改变的保护吗……？毫无疑问不会的：会有一些情况，我会要求你牺牲掉我曾经保护的那些权利、财产，甚至是你的生命"，《重印旧版箴言报》(*Réimpression de l'ancien Moniteur*)，第9卷，巴黎：Plon，1862年，第82页。

[9] "有一种很误谬的打算，在对个人提出这种牺牲的要求这一问题上，把国家只看成市民社会，把它的最终目的只看成个人生命财产的安全。其实，这种安全不可能通过牺牲应获得安全的东西而达到；情形刚刚相反。"黑格尔：《法哲学原理》，巴黎：Vrin，1982年，第324页。

[10] "由于臣民还不得不承担捐税和各种类似的负担，以支付国家在战时或平时的开支，主权者的所求不应当超出公共需求。"普芬道夫：《自然法与国际法》，同前所引，第七卷，第九章，第425页。

[11] 若古 (Jaucourt)：《战争》，载于《百科全书》(*Encyclopédie*)，第7卷，Livourne，1773年，第967页。

[12] 康德：《法权学说》(*Doctrine du droit*)，巴黎：Vrin，1971年，第227页。

[13] 同上书，第229页。

[14] 动物政治被定义为生物政治的一个分支，它的特点一方面是将政治关系对应到牲畜饲养的关系上，另一方面更重要的是，从法律角度来讲，将政治法缩减到私法的基本范畴上，特别是私有财产的范畴里。拥护奴隶所有制的政权就是典型的动物政治

代表。

[15]　"……惟有在这一限制性条件下，国家才能支配他那充满危险的兵役。"同上书，第 229 页。

[16]　同上。

[17]　关于这一主题，可以参考查尔斯·蒂利（Charles Tilly）:《发动战争与缔造国家类似于有组织的犯罪》（"War Making and State Making as Organized Crime"），收录于彼得·埃文斯（Peter Evans）、迪特里希·鲁施迈耶（Dietrich Rueschemeyer）、西达·斯考切波（Theda Skocpol）主编:《找回国家》（*Bringing the State Back In*），纽约: 剑桥大学出版社，1985 年。

民主军国主义

[1]　转引自乔纳森·D. 卡弗利（Jonathan D. Caverley）:《死亡与税收: 民主国家军事侵略的根源》（"Death and taxes: Sources of democratic military aggression"），学位论文，芝加哥大学，2008 年。

[2]　康德，《永久和平论》（*Vers la paix perpétuelle*），巴黎: Vrin，2007 年，第 26 页。

[3]　同上。

[4]　转引自芭芭拉·埃伦赖希（Barbara Ehrenreich）:《没有人类的战争: 重温现代血祭仪式》（"War Without Humans: Modern Blood Rites Revisited"），http://www.tomdispatch.com/blog/175415。

[5]　霍布森（Hobson）:《帝国主义: 一项研究》（*Imperialism: A Study*），伦敦: Nisbet，1902 年，第 145 页。

[6]　《汉萨德议会辩论，第三辑》（*Hansard's Parliamentary Debates, third series*），1867—1868，第 1 卷，伦敦: Buck，1868 年，第 406 页。今天，这种做法还远远没有消失，只不过采取了承包或外包等不同的形式。美国日前正通过与五角大楼签订合同的私人军事服务公司，从撒哈拉以南非洲地区招募大量一次性的军事劳动力。关于这一话题，请阅读阿兰·维基（Alain Vicky）富有启发性的报道:《美国战争的非洲雇佣军》（"Mercenaires africains pour guerres américaines"），载于《法国世界外交论衡月刊》（*Le*

monde diplomatique），2012 年 5 月。

[7] 参见卡弗利，同前所引，第 297 页。

[8] 康德：《法权学说》，同前所引，第 229 页。

[9] 卡格、克雷普斯，同前所引。

[10] 罗莎·布鲁克斯（Rosa Brooks）如此阐明最后一点："通过减少意外平民伤亡（或者更准确地说，是如此声称），无人机的精度技术降低了与使用致命武力相关的道德和名誉成本。"罗莎·布鲁克斯：《带上两台无人机，清晨给我打电话：我们沉迷于遥控战争的危险》（"Take Two Drones and Call Me in the Morning. The perils of our addiction to remote-controlled war"），载于《外交政策》（*Foreign Policy*），2012 年 9 月 12 日。

[11] 正如沃尔泽在提到这一点时引用耶胡达·梅尔泽（Yehuda Melzer）的思想："相称性是以目的出发调整手段，但……在战时，有一个相反且不可抑制的趋势，即以手段出发来调整目的，换句话说，就是重新界定最初的限定目标，使之与军事力量和现有技术相适应。"沃尔泽：《正义与非正义战争》，同前所引，第 238 页。

[12] 哈蒙德，同前所引。

[13] 魏茨曼：《万恶之末》，同前所引，第 10 页。

[14] 阿米泰·埃齐奥尼（Amitai Etzioni）：《伟大的无人机辩论》（"The Great Drone Debate"），载于《国家利益》（*The National Interest*），2011 年 10 月 4 日。

[15] 本杰明·H. 弗里德曼（Benjamin H. Friedman）：《埃齐奥尼和伟大的无人机辩论》（"Etzioni and the Great Drone Debate"），载于《国家利益》，2011 年 10 月 5 日。

[16] 贝弗利·J. 西尔弗（Beverly J. Silver）：《全球化的历史动力，战争及社会抗议》（"Historical dynamics of globalization, war and social protest"），载于理查德·阿佩尔鲍姆（Richard Appelbaum）、威廉·罗宾逊（William Robinson）：《批判性全球化研究》（*Critical Globalization Studies*），纽约：劳特利奇，2005 年，第 303—313 页、第 308 页。我在这一部分里重述了她的

分析。

[17]　关于这一概念，参见玛丽·卡尔多：《新旧战争》(*New & Old Wars*)，剑桥：政体出版社，2006 年，第 17 页。

[18]　参见亚基尔·利维 (Yagil Levy)：《"市场军队"的本质》("The Essence of the 'Market Army'")，载于《公共行政评论》(*Public Administration Review*)，第 70 卷，第 3 期，第 378—389 页，2010 年 5 月 /6 月。

[19]　乔纳森·卡弗利：《民主军国主义的政治经济学：舆论证据》("The Political Economy of Democratic Militarism: Evidence from Public Opinion")，国际关系研讨会，威斯康星大学，2012 年 3 月 28 日。

[20]　尼古拉斯·舍尔尼希 (Niklas Schörnig) 和亚历山大·C. 莱姆克 (Alexander C. Lembcke)：《没有伤亡的战争前景：论伤亡厌恶在武器广告中的运用》("The Vision of War without Casualties: On the Use of Casualty Aversion in Armament Advertisements")，载于《冲突解决杂志》(*Journal of Conflict Resolution*)，第 50 卷，第 2 期，2006 年，第 204—227 页。

[21]　《国际航空》(*Flight International*)，第 161 卷，第 4834 期，2002 年 6 月 4 日，第 2 页。

[22]　西尔弗：同前所引，第 309 页。

[23]　芭芭拉·埃伦赖希：《没有人类的战争：重温现代血祭仪式》，http://www.tomdispatch.com/blog/175415。

[24]　同上。

战斗者的本质

[1]　埃米利奥·卢苏 (Emilio Lussu)：《撒丁旅：第一次世界大战回忆录》(*Sardinian Brigade: A Memoir of World War I*)，纽约：Grove 出版社，1970 年。转引自沃尔泽：《正义与非正义战争》，同前所引，第 270 页。

[2]　黑格尔：《精神现象学》，巴黎：Vrin，2006 年，第 344 页。

[3]　西摩·赫什：《猎杀人类》，同前所引。

[4] 康德:《法权学说》, 同前所引, 第 73 页。

[5] 卢苏, 同前所引。

[6] 科拉·戴蒙德 (Cora Diamond):《为人的重要性》(L'Importance d'être humain), 巴黎: 法国大学出版社, 2011 年, 第 103 页。

[7] 同上书, 第 106 页。

[8] 同上。

[9] 阿米泰·埃齐奥尼:《伟大的无人机辩论》, 同前所引。

[10] 萨特:《存在主义是一种人道主义》(L'existentialisme est un humanisme), 巴黎: Nagel, 1970 年, 第 25—27 页。

[11] 戴蒙德, 同前所引, 第 108 页。

[12] "不要打着我们的名义"(Not in Our Name),《抵抗誓言》(Pledge of resistance), 2001 年, http://www.notinourname.net/index.php?option=com_content&view=article&id=20&Itemid=5。

[13] 参见朱迪斯·巴特勒 (Judith Butler)、加亚特里·查克拉沃蒂·斯皮瓦克 (Gayatri Chakravorty Spivak):《全球国家》(L'État global), 巴黎: Payot, 2011 年, 第 57 页。

[14] 乔治·N. 卡茨亚菲卡斯 (George N. Katsiaficas):《越南文件: 美国人和越南人对战争的看法》(Vietnam documents: American and Vietnamese views of the war), 纽约: Sharpe, 1992 年, 第 116 页。

[15] 乔·帕帕拉多, 同前所引。

[16] 同上。

[17] 同上。

[18] 同上。

[19] 汉娜·易 (Hannah Yi):《新治安监视无人机可携带非致命武器》("New police surveillance drones could be armed with nonlethal weapons"), 载于《日报》(The Daily), 2012 年 3 月 12 日。

[20] 马克思:《政治经济学批判导言》(1857), 收录于《经济, 著作集 I》(Économie, Œuvres I), 巴黎: 伽利玛出版社, 1994 年, 第 264 页。

[21] http://ahprojects.com/projects/stealth-wear。

政治机器人的制造

[1] 利西雅克（Lysiak）:《V-1 型巡航导弹发射前》（"Marschflugkörper V1 vor Start"），联邦档案图片（Bundesarchiv Bild）146-1973-029A-24A。

[2] 汉娜·阿伦特:《从谎言到暴力》（*Du mensonge à la violence*），巴黎：Calmann-Lévy，1989 年，第 151 页。关于"政治机器人"的表述，参见《你觉得这是无人机吗？》（"Et vous trouvez ça drone ?"），第 141 页，《Z》杂志，第 2 期，马赛，2009 年秋季，第 141 页。

[3] 这些没有驾驶员的无人机不是无线电遥控的，而是机械编程使其飞行一段距离后坠毁。无人机名字中的 V 代表 Vergeltungswaffen，意思是"复仇武器"。

[4] 阿多诺（Adorno）:《最低限度的道德》（*Minima moralia*），巴黎：Payot，2008 年，第 72—73 页。

[5] 同上书，第 73 页。

[6] 《无人系统集成线路图 2011—2036 财年》（*The Unmanned Systems Integrated Roadmap FY 2011-2036*），第 14 页。

[7] 嘉里·E. 马尔尚（Gary E. Marchant）、布雷登·艾伦比（Braden Allenby）、罗纳德·阿尔金（Ronald Arkin）、爱德华·T. 巴雷特（Edward T. Barrett）、杰森·博伦斯坦（Jason Borenstein）、林·M. 高德特（Lyn M. Gaudet）、奥尔德·基特里（Orde Kittrie）、帕特里克·林（Patrick Lin）、乔治·R. 卢卡斯（George R. Lucas）、理查德·奥玛拉（Richard O'Meara）、贾里德·西尔贝曼（Jared Silberman）:《自主军事机器人的国际管理》（"International Governance of Autonomous Military Robots"），载于《哥伦比亚科学与技术法律评论》（*Columbia Science and Technology Law Review*），第 12 卷，2011 年，第 275—315 页、第 273 页。韩国的 SGR-1 机器人是这种未来机器人的先驱。这些固定的机器人被放置在韩朝边境的非军事区，可以通过传感器（摄像头，以及运动探测器和热传感器）探知人类的存在，并且瞄准个人，如果远程操作员允许，机器人可以选择使用 5 毫米

或自动榴弹发射器开火。

[8]　"致命自主机器人"（Lethal autonomous robotics，缩写为 LAR）。
自主意味着平台可以在不受任何人类干预的情况下，自己做出
必要的决定。

[9]　罗纳德·阿尔金:《无人系统的道德自主案例》（"The Case for
Ethical Autonomy in Unmanned Systems"），2010 年，http://hdl.
handle.net/1853/36516。

[10]　罗纳德·阿尔金:《战争中的道德机器人》（"Ethical robots in
warfare"），载于《技术与社会杂志》（*Technology and Society
Magazine*），第 28 卷，第 1 期，2009 年春季，第 30—33 页、
第 30 页。

[11]　罗纳德·阿尔金:《控制致命行为：在混合审议与反应式机器人
架构中嵌入道德规范》（"Governing Lethal Behavior: Embedding
Ethics in a Hybrid Deliberative/Reactive Robot Architecture"），
2007 年，第 98 页，http://hdl.handle.net/1853/22715。

[12]　阿尔金:《战争中的道德机器人》，同前所引。

[13]　罗纳德·阿尔金:《自主系统部署的伦理基础，提案 50397-CI，
最终报告》（*An Ethical Basis for Autonomous System Deployment,
Proposal 50397-CI, final report*），2009 年。

[14]　罗纳德·阿尔金、帕特里克·乌拉姆（Patrick Ulam）、布里塔
尼·邓肯（Brittany Duncan）:《约束自主系统致命行为的道德管
理者，技术报告 GITGVU-09-02》（*An Ethical Governor for Con-
straining Lethal Action in an Autonomous System, Technical Report
GITGVU-09-02*），2009 年。

[15]　阿尔金:《战争中的道德机器人》，同前所引。

[16]　参见维韦克·坎瓦尔（Vivek Kanwar）:《后人类人道主义法：
机器人战争时代的战争法》（"Post-Human Humanitarian Law:
The Law of War in the Age of Robotic Warfare"），载于《哈佛国
家安全杂志》（*Harvard Journal of National Security*），第 2 卷，
2011 年。

[17]　参见米歇尔·帕斯图罗（Michel Pastoureau）:《西方中世纪的一

个象征性故事》(*Une histoire symbolique du Moyen Âge occidental*)，Seuil 出版社，2004 年，第 33 页。

[18] 肯尼思·安德森、马修·韦克斯曼 (Matthew Waxman):《机器人士兵的法律和道德》("Law and Ethics for Robot Soldiers")，载于《政策评论》(*Policy Review*)，第 176 期，2012 年。

[19] 同上。

[20] 罗纳德·阿尔金多年来一直致力于推动这一项目的发展，众多军工企业为他提供了慷慨的资助，包括美国国防部高级研究计划局 (DARPA)、美国陆军萨瓦纳河技术中心 (Savannah River Technology Center)、本田技术研究院 (Honda R & D)、三星、CS 德雷伯实验室 (CS Draper Laboratory)、科学应用国际公司 (SAIC)、美国海军航空系统司令部 (NAVAIR) 以及美国海军研究办公室 (The Office of Naval Research)。www.cc.gatech.edu/~arkin。

[21] 2009 年 9 月，物理学家尤尔根·阿尔特曼 (Jürgen Altmann)、哲学家彼得·阿萨罗 (Peter Asaro)、机器人科学家诺埃尔·夏基 (Noel Sharkey) 和哲学家罗伯特·斯帕罗 (Robert Sparrow) 一起成立了国际机器人武器控制委员会 (Committee for Robot Arms Control，简称 ICRAC)，呼吁人们禁止机器人杀手。http://icrac.net。

[22] 明斯基，同前所引，第 204 页。

[23] 本雅明:《德国法西斯主义理论》，同前所引，第 214 页。

[24] 安德鲁·科伯恩 (Andrew Cockburn) 也报告过类似的情况 (布什亲自下令向开往坎大哈的汽车车队开火)，指出视频的实况转播给政治领导人一种"直接掌控一切的非凡感觉 (错觉)"。安德鲁·科伯恩:《无人机，宝贝，无人机》("Drones, baby, drones")，载于《伦敦书评》，2012 年 3 月 8 日，第 15 页。

[25] 彼得·辛格:《联网作战》(*Wired for War*)，纽约: 企鹅出版社，2009 年，第 349 页。

[26] 诺埃尔·夏基:《变容易的杀戮: 从操纵杆到政治》("Killing

made easy: from joystick to politics"），收录于帕特里克·林、基思·阿布尼（Keith Abney）、乔治·A. 贝基（George A. Bekey）主编的《机器人伦理学：机器人技术的伦理和社会影响》（*Robot Ethics: The Ethical and Social Implications of Robotics*），马萨诸塞州坎布里奇：麻省理工学院出版社，2012 年，第 111—128 页、第 123 页。

[27] 如果说武装冲突法确认了相称原则能很好地界定附带伤害与军事利益预期之间的关系，但它并没有给出任何计算的尺度，自然也就没有度量单位。正如夏基指出的："没有任何客观标准能衡量那些不必要的、过分的或不成比例的痛苦。这需要人为的判断。战争法没有规定任何计算相称性的客观手段。"同上。对相称原则进行计算，就好比将苹果和梨不做区分地加在一起。平民的伤亡数量与预估的战术优势之间有什么可公度性？通用的度量单位是什么？但正如埃亚勒·魏茨曼指出的，这种计算虽然不可能，却是必要的，它仅仅是为了使由此造成的死亡合法化。参见魏茨曼：《万恶之末》，同前所引，第 12 页及以下诸页。

[28] 阿兰·奈恩（Allan Nairn）转引自罗伯特·C. 科勒（Robert C. Koehler）：《"拍蚊"：战争的平民代价》，载于《巴尔的摩太阳报》（*Baltimore Sun*），2012 年 1 月 1 日。另见布莱德利·格雷厄姆（Bradley Graham）：《"拍蚊"计算机程序旨在限制目标区域的平民死亡》。

[29] 费尔南·戴斯特诺（Ferdinand d'Esterno）：《法国旧制度的特权阶层和新制度的特权阶层》（*Des privilégiés de l'ancien régime en France et des privilégiés du nouveau*），第二卷，巴黎：Guillaumin，1868 年，第 69 页。

[30] 转引自马修·布热津斯基（Matthew Brzezinski）：《无人军队》（"The Unmanned Army"），载于《纽约时报杂志》（*New York Times Magazine*），2003 年 4 月 20 日。

[31] 阿尔金在一次采访中附和反对意见："他们不总是听从命令。机器人如果认定一项命令与道德不符，有可能拒绝执行该命令"，

也就是战时法也适用于软件。但就像前面例子里提到的，当士兵拒绝向叛乱者开枪，不是因为要遵守武装冲突法。他们不服从上级命令，不是因为命令的形式，而是因为命令的本质和其政治意义。这是道德机器人无法做到的。http://owni.eu/2011/04/25/ethical-machines-in-war-an-interview-with-ronald-arkinw。

[32] 这是最近一份报告的作者所担忧的众多问题之一："在武装冲突中消除人类对致命武力使用的决策干预，将导致完全自主的武器破坏所有法律之外的对平民的保护形式。首先，机器人不会被人类的情感和怜悯心影响……因此，这些没有感情的机器人，可能会被独裁者们作为镇压自己民众的工具，而无需担心他自己的军队掉转枪口……情绪并不总会导致非理性的杀戮。"人权观察：《失去人性：反对杀手机器人的理由》（*Losing Humanity: The Case against Killer Robots*），2012 年，11 月，第 4 页。

[33] 拉博埃西（La Boétie）:《论自愿的奴役》（*Discours de la servitude volontaire*），巴黎：Vrin，2002 年，第 30 页。

[34] 阿伦特，同前所引，第 151 页。

[35] 雨果·根斯巴克（Hugo Gernsback）:《无线电机器人警察》（"Radio police automaton"），载于《科学与发明》（*Science and Invention*），1924 年 5 月，第 12 卷，第 1 期，第 14 页。

[36] 恩格斯:《家庭、私有制和国家的起源》（*L'Origine de la famille, de la propriété privée, et de l'État*），巴黎：Éditions Sociales，1971年，第 156 页。

尾声：拒绝远程战争

[1] 《玩具对抗人民，或远程战争》（"Toys against the people, or Remote Warfare"），载于《大众科学杂志》（*Science for the People Magazine*），第 5 卷，第 1 期，1973 年 5 月，第 8—10 页、第 37—42 页，http://socrates.berkeley.edu/~schwrtz/SftP/MagazineArchive/SftPv5n1s.pdf。

[2] 同上书，第 42 页。

图书在版编目（CIP）数据

反思无人机 /（法）夏马尤著；焦静姝译. -- 北京：
商务印书馆，2024. -- ISBN 978 - 7 - 100 - 24544 - 9

Ⅰ. V279

中国国家版本馆 CIP 数据核字第 2024QS9123 号

权利保留，侵权必究。

反思无人机

〔法〕夏马尤　著

焦静姝　译

商　务　印　书　馆　出　版
（北京王府井大街36号　邮政编码100710）
商　务　印　书　馆　发　行
北京启航东方印刷有限公司印刷
ISBN 978 - 7 - 100 - 24544 - 9

2024 年 12 月第 1 版　　　开本 880 × 1230　1/32
2024 年 12 月北京第 1 次印刷　印张 10½

定价：59.00 元